四时护肤 手作笔记

杜一杰 孟宏 董银卯 编著

化学工业出版社

·北京·

内 容 简 介

　　本书以四季二十四节气为线索，根据二十四节气人体的节律、皮肤状态及容易出现的皮肤问题，每个节气介绍两款适合该节气使用的手作护肤品，全书共48款，用护肤手作这种体验方式，让正确护肤、正确选用护肤品这件事融入到你的日常生活中。每个手作护肤品都有详细的工具、材料和制作过程说明，并配以精美制作视频，可扫描书中的二维码观看。

　　本书不仅是手作护肤品的制作教程，更是感受悦己之美的生活笔记，可供护肤爱好者、手作爱好者、中国养生文化爱好者阅读体验。

图书在版编目（CIP）数据

四时护肤手作笔记 / 杜一杰，孟宏，董银卯编著
. — 北京：化学工业出版社，2021.6
ISBN 978-7-122-38988-6

Ⅰ．①四… Ⅱ．①杜… ②孟… ③董… Ⅲ．①皮肤 -
护理 - 基本知识 Ⅳ．① TS974.11

中国版本图书馆 CIP 数据核字（2021）第 072800 号

责任编辑：傅聪智　　　　文字编辑：高璟卉　　　　美术编辑：王晓宇
责任校对：李雨晴　　　　装帧设计：水长流文化

出版发行：化学工业出版社（北京市东城区青年湖南街 13 号　邮政编码 100011）
印　　装：中煤（北京）印务有限公司
710mm×1000mm　1/16　印张 13¾　字数 185 千字　2021 年 8 月北京第 1 版第 1 次印刷

购书咨询：010-64518888　　　　　　　　　　　　售后服务：010-64518899
网　　址：http://www.cip.com.cn
凡购买本书，如有缺损质量问题，本社销售中心负责调换。

定　　价：68.00 元

前言

对于二十四节气，中国人当然不陌生，一轮四季，与你邂逅二十四次，这也是中国特有的文化传承，见证了中华民族的勤劳与智慧。自然界气象、物候的变化在二十四节气中直接反映出来，为农事活动提供了科学依据。而人类机体的变化、疾病的发生也同样与二十四节气紧密相连。养肤亦如是。

一个人的皮肤状态是动态变化的，不同的时节皮肤状态各不相同，比如春天易敏，夏天易浊，秋天易燥，冬天易弱。顺应天时，提前预防的养肤之道更容易让皮肤在时光中和合恒久，流光溢彩。也是基于此，萌生了创作《四时护肤手作笔记》的想法。

《四时护肤手作笔记》想要让大家知晓不同时节皮肤容易出现的小烦恼，并通过手作的方式，对这些小烦恼的解决方案有更加深刻的理解。当然，要提醒大家的是自主 DIY 的护肤品是不能售卖的，我们也不提倡将所有的护肤品都替换成自己的手作。

全书分为四个部分：

✓ 节气护肤：解读不同时节下皮肤容易出现的小烦恼，让你更了解不同时节皮肤该如何护理。

✓ 护肤手作：利用生活中的常见食材、植物原料，体会护肤品的制作过程，在忙里偷闲中感受悦己之美。

✓ 护肤笔记：市面上的产品千千万，教你挑选适合自己的护肤品，知道护肤品背后的奥义。

✓ 手账：将你在这个时节的护肤心得、问题都记录下来。

需要提醒大家：

✓ 物料购买：书中的物料都可以在网络上买到，其中一些植物原料也可以去药店购买。

✓ 手作保存：建议所有的手作都低温保存，并且尽快用完，防止微生物滋生。

✓ 交流分享：关注微博与视频号——康大美有点方，可以将你的手作美图、感悟、疑问告诉康大美，康大美也有更多的护肤心得与你分享。

✓ 视频演示：为了方便大家制作护肤品，我们对每个手作都录制了操作视频，读者朋友们可扫码观看。

✓ 查询检索：为了方便大家阅读，在书的最后汇总形成了"二十四节气护肤知识索引"，供大家快速查阅不同节气讲到的各种护肤技巧。

《四时护肤手作笔记》编写的背后是一支分享美、传递爱的年轻团队——康大美，感谢康大美团队所有人员：朱文驿、郭雯雯、马清阳、李佳芮、王馨乐、王梓旭。

由于编者水平及时间的限制，书中难免有不妥和疏漏之处，请大家批评指正。

希望这本书能够陪你在真实、质朴、温暖的日常生活中，感受悦己之美。

编者

2021 年 6 月

目录

Part 1 春生   9

Part4 冬藏

DIY 之前
你需要了解的
Tips

———— • ————

工具
会用到的

电磁炉或电陶炉

普通家用电磁炉或电陶炉，用于加热液体。优先选择电陶炉，加热更均匀，个别电磁炉可能感应不了小锅。

电子秤

一般厨用电子秤，用来称量制作所用原料，至少精确到0.1g。

榨汁机

用于果泥面膜的制作。

玻璃烧杯

规格：50mL、100mL、250mL、500mL。存放物体或加热，不可直接接触明火，可在电磁炉或电陶炉上直接接触加热。

滤网勺

小号滤网勺，过滤残渣。也可以用纱布替代。

实验温度计

量程范围0~100℃，用于测量加热过程中的温度。使用前，请提前测试温度计是否能正常使用。

 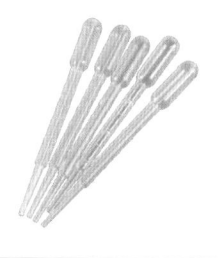 

计量勺	一次性滴管	硅胶刮刀
用来搅拌混合材料或用来称取少量粉末。	规格：1mL、2mL、5mL。用于吸取少量液体。	用于刮出容器壁内的膏状物体。

 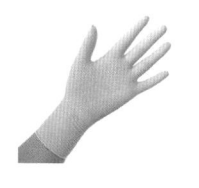 

玻璃罐头瓶	医用橡胶手套	棉线手套
用于浸泡植物材料。	用于操作称取碱性强的原料，如氢氧化钠。避免手部直接接触碱性或酸性原料。	用于拿取加热器皿，隔热，防止烫伤。

压嘴瓶	面霜瓶	茶色滴管瓶
可装乳液、啫喱等。	用于存放膏霜，一般购买50g 的规格。	用于存放精华油或精华液，茶色的玻璃颜色有利于物质的避光保存。

喷雾瓶	浴盐球模具	研磨工具
规格：50mL，75mL，100mL。根据需求购买相应规格。	两个浅半圆合并为一个模具。	包括棒和钵，主要用于物体的研磨。

窄口瓶	藤条挥发棒	手工皂模具
用于存放香薰液。	有助于香薰液的挥发扩散。	用于制作各种好看的手工皂。

金属烛芯底座	香薰蜡烛罐	散粉盒
选择长 10cm、宽 2cm 的蜡芯底座。	选择耐热的玻璃杯或陶罐盛放香薰蜡烛，也可以购买专用的香薰蜡烛杯。	存放散粉。

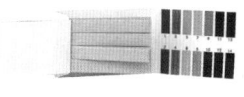

唇膏 / 口红小罐	pH 试纸	加热锅
存放口红。	用于测定酸碱度。	用于水浴加热。

隔热垫	水浴加热容器	围裙
防止烫伤桌面。	进行水浴加热。	

陶瓷水果刀	小案板	滚珠瓶
切水果。	切水果。	用于盛放止痒油。

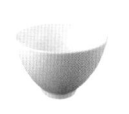

搅拌棒	碗	双面胶
用于搅拌液体，促进物质溶解。	用于沐浴皂、晒后修复面膜等制作。	用于香薰蜡烛制作，固定蜡烛芯底座。

术语

要知道的

1. 乳化剂

乳化剂是油脂与水混合制成稳定的乳液时使用的物质，是表面活性剂的一种，主要在制作化妆品过程中使用。

2. 增稠剂

增稠剂可以提高物系黏度，使物系保持均匀稳定的悬浮状态或乳浊状态或形成凝胶。

3. 天然精油

散发清香的香料分为具有天然清香的天然精油和具有人造清香的香精。一般常使用天然精油，同时希望长久留香。

4. 基础油（基底油）

通常来自种子、坚果、豆类、蔬菜和水果。在制作草本护肤油、乳液、软膏、药膏、精华和面霜时，基础油通常被当作基质。基础油也可单独使用，或和其他基础油组合起来作为按摩油、护发油或卸妆产品。

5. 辛酸 / 癸酸甘油三酯

不溶于水，一种亲油性柔润剂，无毒、对肌肤无刺激性，常用于护肤膏霜、乳液、防晒油、防晒膏霜、护发膏霜、口红、粉底霜等产品中。它很容易被皮肤吸收，对化妆品的均匀细腻起到很好的作用，使皮肤润滑有光泽。

注意事项

1. 注意手工制备的适当温度

加热时请注意特殊原料（比如油脂、桃胶）需隔水加热，如操作步骤所示，否则易糊锅。

2. 注意容器消毒及清洁

需要提前将容器进行消毒，保持干净状态，否则化妆品极易感染细菌，加速变质。

消毒方法：将 75% 医用酒精喷洒于容器内壁（盖），倒扣至自然风干。

3. 注意保存日期

制作完后，在各产品外包装上贴上保质日期，在保质日期前使用完。

✓ 油、膏、唇膏类在干燥、避光、冷藏状态下建议 6 个月内使用完。

✓ 浴盐等在干燥状态下建议 3 个月内使用完。

✓ 水、乳液、霜在干燥、冷藏状态下建议 2 周内使用完。

✓ 浴芭在干燥状态下建议 2 周内使用完。

✓ 洗剂现配现用。

✓ 口红常温避光环境下建议 3 个月内使用完。

✓ 眉粉置于避光阴凉处建议 3 个月内使用完。

✓ 果泥、中药泥面膜现配现用。

✓ 免洗洗手液建议 1 个月内使用完。

4. 注意原料及成品的保存方法

一般密封保存在干燥阴凉避光处，防止变质。各产品具体保存方法见制备步骤详情。

5. 注意原料的保质期

确定原料的来源正规，剩余保质期够长。

6. 注意操作

加热时注意安全，操作时带上棉线手套，防止烫伤。

Part 1

————— • —————

春生

/ 立 春 /

固护皮肤屏障的精华油

　　立春是二十四节气中的第一个节气。《群芳谱》对立春的解释为："立，始建也。春气始而建立也。"意思是，隆冬气候快要结束，立春之后气温开始回升。东风解冻、水暖三分，自然界经历一整个严寒的冰冻以后，开始跃跃欲试啦。

　　此时皮肤还没有从寒冬中苏醒，皮肤的油脂与水分的分泌都处于较低的水平。虽然气温趋于上升，但是大风仍然盛行。气温的动荡，也会让皮肤的状态波动更大，这时候的皮肤屏障更为脆弱，要特别注意保护！否则在接下来的日子里，皮肤很容易变得敏感。

1. 皮肤屏障是什么？

可以把皮肤屏障想象成是皮肤连接内外的一面墙。这一面墙，阻挡着外界的刺激源（如细菌、真菌、UV辐射、雾霾等）对机体造成伤害，同时也维持着皮肤内环境的稳定，比如：调控皮肤水分，保障合理的油脂分泌；充当信使，传递皮肤信号，维护皮肤系统的精密运转，让我们的皮肤处于一个健康美丽的状态。

影响这面墙的主要物质为"泥浆"与"砖块"。"泥浆"为细胞间脂质成分，"砖块"为角质形成细胞。角质形成细胞越完整，细胞间质的黏合度越强，皮肤屏障就越健康。

2. 如何更好地保护皮肤屏障？

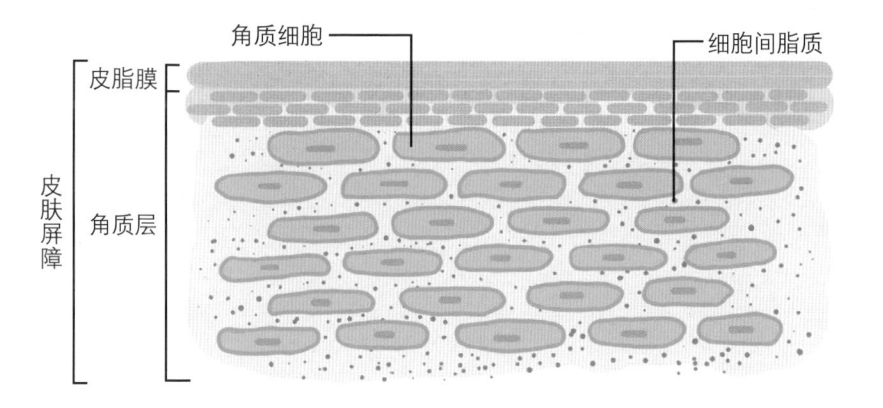

把皮肤屏障（结构如上图所示）比作一面墙，维护有两个重点：

一是选择含有天然保湿因子（NMF）、尿素、氨基酸等的护肤水，提高"砖头"的"质量"。二是选择含有神经酰胺、亚麻酸、亚油酸等的精华油或面霜，提高"泥浆"之间的黏合性。

一、花清润养油

工具

家用小型电子秤
（精确到 0.1g）⋯⋯⋯ 1 台
茶色滴管瓶（50mL）⋯⋯ 2 个
玻璃烧杯（150mL）⋯⋯ 1 个
滤网勺 ⋯⋯⋯⋯⋯⋯⋯ 1 个
搅拌棒 ⋯⋯⋯⋯⋯⋯⋯ 1 支
一次性滴管（1mL）⋯⋯ 1 支

材料

辛酸 / 癸酸甘油三酯 ⋯⋯50g
向日葵籽油 ⋯⋯⋯⋯⋯⋯5g
杭白菊 ⋯⋯⋯⋯⋯⋯⋯2.5g
金盏菊 ⋯⋯⋯⋯⋯⋯⋯2.5g
栀子花精油 ⋯⋯⋯⋯⋯2 滴
维生素 E 胶囊 ⋯⋯⋯⋯2 粒

步骤

1　称取杭白菊、金盏菊加入容器。
2　再加入辛酸 / 癸酸甘油三酯，搅拌，让其完全浸没在油中。
3　用沸水隔水加热 20min。
4　冷却，过滤植物残渣，保留过滤油。
5　过滤油中加入向日葵籽油、栀子花精油、维生素 E，搅拌均匀。
6　转存至消毒后的容器中，密封保存。

用法

早晚按需取用 3~5 滴。用于爽肤水之后，精华之前，也可以作为按摩油使用。

视频二维码

Tips

如果日常感觉皮肤干燥，容易被外界刺激，花清润养油值得一试！
花清润养油不仅能够强化皮肤屏障，还增加了抗炎抗菌的杭白菊、促进微循环的金盏菊、平衡油脂的栀子花精油。

二、怀脂固存油

工具

家用小型电子秤
　（精确到 0.1g）⋯⋯⋯ 1 台
玻璃烧杯（100mL）⋯⋯ 1 个
茶色滴管瓶（50mL）⋯ 2 个
搅拌棒 ⋯⋯⋯⋯⋯⋯⋯⋯ 1 支

材料

向日葵籽油 ⋯⋯⋯⋯⋯⋯ 25g
紫苏籽油 ⋯⋯⋯⋯⋯⋯⋯ 25g
辛酸 / 癸酸甘油三酯 ⋯⋯ 25g

💧 **步骤**

1　称取向日葵籽油、紫苏籽油、辛酸 / 癸酸甘油三酯加入容器。
2　混合，充分搅拌均匀。
3　转存至消毒后的容器，密封保存。

💧 **用法**

早晚按需取用 3~5 滴。用于爽肤水之后，精华之前。也可以作为按摩油使用。

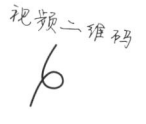

视频二维码

🏵 **Tips**

如果日常感觉皮肤干燥，容易被外界物质刺激，怀脂固存油值得一试！
怀脂固存油可以为皮肤补充各种脂肪酸、微量元素，强化皮肤屏障。

护肤笔记

对于护肤油，也许你不陌生，比如娇韵诗双萃精华、HABA 鲨烷美容油，还有小宝宝的各种按摩油。想到护肤油，我们可能自然而然联想到不愉悦的肤感——糊在脸上不透气，以及《西游·降魔篇》里猪刚鬣油光满面的画面，从而望油生畏。这是一种误解，一款经过配方师精心设计的精华油，肤感甚至要优于膏霜。

1. 护肤油使用方法

洗完脸后，先用爽肤水湿润面部，再取 2~3 滴护肤油（根据皮肤缺油情况加减用量），置于掌心将护肤油预热延展，然后涂抹至面部，按摩至吸收。

在严寒的冬季，不妨在日常乳霜中加入几滴护肤油，增强乳霜的滋润性。

坚持下来你会发现，皮肤变得柔软健康。

2. 护肤油的独特优势

纯油体系由于不含水，不易滋生细菌，因此不需要添加防腐剂。相对于其他品类，更安全温和，尤其适合皮肤屏障脆弱、皮肤敏感的朋友们。油含有的必需脂肪酸、固醇类物质能补充皮肤"砖墙"结构中的"泥浆"物质，使皮肤更"牢固"。油就像一个纯净、温和、贤淑的女子，不张扬且能干。

手账

好|肤|知|时|节

将你当下的护肤小烦恼以及选用的护肤品记录下来吧，
变成你的专属美肤记录本。

好|肤|清|单

记下你最近了解到的护肤小技巧吧。

手|作|笔|记

把你手作遇到的问题记下来吧，
也可以去问康大美。

/ 雨 水 /

睡好，皮肤就好的香薰蜡烛

　　立春之后便是雨水，雨水时节，由冬末的寒冷向初春的温暖过渡，此时大气环流还处于调整阶段，温差不定，寒潮侵袭时气温可骤降至零下，也就是所谓的"倒春寒"。"乍暖还寒时候，最难将息"，气候的多变导致人体内分泌与激素的紊乱，出现睡眠障碍，这时候要注意舒缓安神，调整睡眠状态，才能拥有神采奕奕的好皮肤。

1. "朋克养生"不养生

很多女生知道"睡美容觉"的说法，这个是有道理的。更科学的说法是，良好的作息习惯与精神状态，会通过影响神经内分泌的双向平衡，从而影响皮肤的状态。人体的内分泌系统遍及全身，相互联系。肾上腺素、性激素、脑垂体激素等这些重要激素的变化，通常都会反映在皮肤上。比如：有的女生熬夜就容易爆痘，睡眠不好脸色就会蜡黄。

现在很多品牌都推出了熬夜霜、零点霜之类的产品，用来对抗熬夜造成的皮肤损伤，满足"熬夜党"朋克养生的需求，可是哪里真的能够弥补呢？除了涂抹昂贵的护肤品，高质量的良好睡眠，才是让你比同龄人年轻十岁的"小心机"。

2. 褪黑素不是万能的

褪黑素是我们自身分泌的，来向身体传达"晚安"信号的激素，所以一些有睡眠障碍或者倒时差的人会服用褪黑素来助眠。但是服用褪黑素，可能会出现嗜睡、头晕、焦虑等症状，即便有时候能够入睡，也会处于浅睡眠状态，一觉醒来还是会觉得累。

所以，如果有睡眠障碍，尤其是由于焦虑、工作压力大造成的睡眠障碍人群，可以尝试在睡前服用一些玫瑰花茶、酸枣仁茶，有养心安神、舒缓神经紧张之效。

BLUE MOUNTAINS CACTUS

一、合香玉舒无火香薰

工具

家用小型电子秤
（精确到 0.1g）……… 1 台
玻璃烧杯（150mL）…… 1 个
搅拌棒………………… 1 支
藤条挥发棒…………… 4 根

材料

75% 医用酒精…………… 100g
佛手柑精油…… 2mL（10 滴）
百合花精油…… 2mL（10 滴）

🜄 步骤

1 称取 75% 医用酒精，加入佛手柑精油和百合花精油，搅拌使其混合均匀。
2 取消毒后的窄口瓶，倒入七分满，插藤条挥发棒。

🜄 用法

1 可放于客厅、卧室、办公室。
2 可根据自己对味道浓淡的喜好，酌情增减佛手柑和百合花精油的量，或增减藤条挥发棒的量。藤条挥发棒越多，香气越浓厚。

🌸 Tips

合香玉舒无火香薰含有佛手柑与百合花精油。佛手柑精油味道较清新，类似橙和柠檬，略带花香。百合花精油有隐隐幽香。二者搭配能够安神，缓解焦虑，舒缓情绪。

这款香薰可放在卧室或客厅使用，让舒爽的香气填满空间，再配上喜爱的音乐，就最美妙、最放松不过了！

视频二维码

二、橙花舒缓情绪香氛蜡烛

工具

电磁炉或电陶炉 ⋯⋯⋯⋯ 1 台
家用小型电子秤
　（精确到 0.1g）⋯⋯⋯⋯ 1 台
玻璃烧杯（500mL）⋯⋯⋯ 1 个
香薰蜡烛罐 ⋯⋯⋯⋯⋯⋯ 若干个
蜡芯 ⋯⋯⋯⋯⋯⋯⋯⋯ 若干根
双面胶（点胶）⋯⋯⋯⋯⋯ 1 个
搅拌棒 ⋯⋯⋯⋯⋯⋯⋯⋯ 1 支
一次性滴管（5mL）⋯⋯⋯ 3 支

材料

52 度大豆蜡 ⋯⋯⋯⋯⋯⋯ 110g
橙花精油 ⋯⋯⋯⋯⋯⋯⋯ 4mL
依兰精油 ⋯⋯⋯⋯⋯⋯⋯ 4mL
洋甘菊精油 ⋯⋯⋯⋯⋯⋯ 2mL

💧 步骤

1　称取大豆蜡加入容器，加热至完全熔化。
2　趁热加入橙花精油、依兰精油、洋甘菊精油，搅拌均匀。
3　在蜡烛芯底座粘贴点胶，固定在蜡烛容器中心。
4　蜡液冷却到 60℃后，倒入香薰蜡烛罐。
5　放于阴凉处静置至凝固。将蜡烛芯剪到合适的长度，高出蜡烛表面 1~1.5cm。

视频二维码

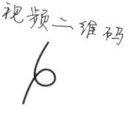

🍵 Tips

橙花舒缓情绪香氛蜡烛中的橙花是清新微甜的橙花香，依兰类似茉莉清香，洋甘菊气味馥郁，三者均有放松神经系统的作用。
这款香氛可放在卧室或客厅使用，让舒爽的香气填满空间，充分享受惬意的放松时刻。

笔护记肤

香熏入门指南

　　在中国，香熏是小众人群钟爱的品类，但越来越多的人开始意识到香熏对于生活、情绪调节的重要性。一缕丹香，不仅带给我们嗅觉上的美好体验、心理上的个人浪漫，还有趋于平静、舒缓放松的心情。

　　市面常见的香熏类型有：无火香熏、香熏蜡烛、线香等。

　　无火香熏一般包含藤条香熏、石头香熏、香熏加湿器等。许多五星级酒店都会摆放一些独特气味的无火香熏，持续净化空气，营造酒店特有的格调，家也是如此。本节介绍的属于藤条香熏。

　　由于存在明火，香熏蜡烛一般多用于家庭，放在小孩触碰不到的地方。DIY 或者选购香熏蜡烛，应采用纯正香熏精油和天然植物蜡调制成的蜡烛，保证在过程中不会对健康有影响。熄灭蜡烛时，不要直接吹灭，可以用牙签或灭火钩将蜡芯浸在蜡池里熄灭，否则会产生黑烟和难闻的气味。冬天的夜晚特别适合用香熏蜡烛。

　　线香更具有中国意蕴，由檀香或者沉香等有香气的木材制作而成。在中国古代的时候就有线香，特别受到贵族和文人墨客的喜爱。线香需要固定在香插上再点燃，品质好的线香香味不会那么浓烈。点燃之后，掉落的香灰不烫手表明没有化学添加。雨天特别适合焚香。

　　婴儿、小孩、孕妇不建议使用香熏。

手账

好 | 肤 | 知 | 时 | 节

将你当下的护肤小烦恼以及选用的护肤品记录下来吧，
变成你的专属美肤记录本。

好 | 肤 | 清 | 单

记下你最近了解到的护肤小技巧吧。

手 | 作 | 笔 | 记

把你手作遇到的问题记下来吧，
也可以去问康大美。

/ 惊 蛰 /

敏舒欢的安肤啫喱

惊蛰，是二十四节气中唯一以声音为标志的节气。二十四节气的命名都与这个节气的季候特点一致，惊蛰是什么意思呢？动物入冬藏伏土中，不饮不食，称为"蛰"，"惊蛰"即上天以打雷惊醒蛰居动物的日子，意味着经受严寒冰冻的小动物们要出来活动了。

常言道"春雷惊百虫"，惊蛰之后，大地回暖，万物复苏，也到了植物传粉的季节。空气中会漂浮大量花粉、真菌孢子、尘螨等易致敏因子，所以春季是皮肤敏感的高发季节，也是敏感性皮肤如临大敌的季节。这个时节，敏感性皮肤要注意了。

皮肤敏感判断小技巧

1. 涂抹普通护肤品也会觉得脸上痒痒的，甚至沙疼。

2. 遇到忽冷忽热的情况，脸会发红。

3. 换季的时候，脸会紧绷、脱屑，甚至泛红。

如果出现这三种现象，说明你的皮肤已经很敏感了，这时候护肤就要特别注意了！

对抗换季敏感的 Tips

1. 多用一些保湿类产品并多喝白开水。因为这个节气温度变化明显，会造成毛细血管的扩张，水分容易流失，皮肤在低水合环境下更容易发生免疫反应。

2. 出门注意戴口罩。花粉、柳絮会刺激皮肤，所以如果是易敏体质，要注意戴口罩防护。

3. 喝当地产的蜂蜜。因为蜂蜜中含有一定的花粉颗粒，经常喝会对花粉过敏产生抵抗能力，如果敏感现象不严重，每天可以喝一汤匙当地产的蜂蜜。

一、启蛰苋清啫喱

工具

电磁炉或电陶炉 .... 1 台
家用小型电子秤
　　（精确到 0.1g）......... 1 台
玻璃烧杯（50mL）......... 1 个
玻璃烧杯（250mL）......... 1 个
玻璃烧杯（500mL）......... 2 个
搅拌棒 .... 1 支
实验温度计 .... 1 支
压嘴瓶（100mL）......... 2 个
过滤纱布（200 目）......... 1 块

材料

甘草 10g
马齿苋 10g
羟乙基纤维素 1g
甘油 16g
己二醇 2g
戊二醇 4g

视频二维码

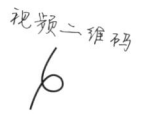

💧 步骤

1. 称取甘草、马齿苋，加入 200g 纯净水，加热 20min。
2. 待冷却，用纱布过滤植物残渣，滤液备用。用纯净水补充溶液至 180g。
3. 按顺序称取甘油，加入羟乙基纤维素，搅拌，使羟乙基纤维素均匀分散在甘油中，备用。
（注意：甘油与羟乙基纤维素加入顺序不能颠倒，否则无法均匀分散。）
4. 在步骤 2 的滤液中加入步骤 3 的增稠剂。加热的同时不停搅拌，直至羟乙基纤维素全部溶解，溶液变黏稠。
5. 加入己二醇、戊二醇，搅拌。
6. 将啫喱转存至消毒后的容器，密封保存。

💧 用法

洁面后，取适量啫喱，均匀薄涂于面部，再进行后续护肤步骤。也可洁面后，取适量啫喱，均匀厚涂于面部，约 10min 后洗去，再进行后续护肤步骤。

🌱 Tips

启蛰苋清啫喱中甘草具有抗炎、阻止过敏介质释放的作用，马齿苋具有很好的抗敏止痒效果。
启蛰苋清啫喱配方简单，没有繁复的配方成分，安全温和，操作也相当简单，在家就可以体验平常用的啫喱都是怎么制作的！

二、嫩颜娇润啫喱

工具

电磁炉或电陶炉·········1台

家用小型电子秤

　（精确到0.1g）·······1台

玻璃烧杯（50mL）·······1个

玻璃烧杯（250mL）······1个

玻璃烧杯（500mL）······2个

搅拌棒·················1支

实验温度计·············1支

压嘴瓶（100mL）········3个

过滤纱布（200目）·······1块

材料

芦荟粉···················0.1g

桃胶·····················10g

羟乙基纤维素··············1g

甘油·····················16g

己二醇···················2g

戊二醇···················4g

视频二维码

💧 步骤

1　称取桃胶，提前3h泡发。

2　泡发好的桃胶加入200g纯净水中，沸水隔水加热20min。

3　待冷却，用滤网勺过滤植物残渣，滤液备用。用纯净水补充溶液至180g。

4　按顺序称取甘油，加入羟乙基纤维素，搅拌，使羟乙基纤维素均匀分散在甘油中，备用。

　（注意：甘油与羟乙基纤维素加入顺序不能颠倒，否则无法均匀分散。）

5　在步骤3的滤液中加入步骤4的增稠剂。加热同时不停搅拌，直至羟乙基纤维素全部溶解，溶液变黏稠。

6　加入芦荟粉、己二醇、戊二醇，搅拌。

7　将啫喱转入消毒后的容器，密封保存。

💧 用法

洁面后，取适量啫喱，均匀薄涂于面部，再进行后续护肤步骤。也可洁面后，取适量啫喱，均匀厚涂于面部，约10min后洗去，再进行后续护肤步骤。

🌸 Tips

嫩颜娇润啫喱中芦荟和桃胶保湿性佳，含有丰富的植物多糖，俗称植物玻尿酸，是"抓水小能手"，舒缓的同时补充皮肤水分。

笔护
记肤

　　惊蛰，是各种病毒、细菌、花粉活跃的节气，因此皮肤更容易出现敏感症状。不知道应该选什么护肤品，下面分享一些敏感皮肤护肤品的选用心得！

把握这几条，选择护肤品不踩雷

　　很多人变成敏感皮肤是因为用了假冒伪劣的护肤品，教大家几招，辨别化妆品是否正规，千万别被黑心商家忽悠。

　　1. 看包装。进口化妆品在中国销售必须要有中文标签，不要以为包装上全都是英文就是高级货哦。

　　2. 看内容。化妆品标签上必须有产品名称、全成分、生产企业名称和地址、使用方法、生产日期、保质期、储存条件，缺一不可。要是包装内容不全，那就要警惕了！

　　3. 看渠道。选择有合法渠道来源的护肤品，比如品牌旗舰店、正规商场中的商品，在美容美发机构使用护肤品也要问明产品来源，一定仔细查看产品包装和说明书。

敏感皮护肤品选用指南

　　1. 洁面要温和。磨砂膏、清洁面膜、撕拉面膜、泥膜禁止使用，避免伤害脆弱的皮肤。

　　2. 保湿产品是主力。维持皮肤的水环境稳定能够降低敏感反应。

　　3. 刺激性成分要规避。酒精、香精、防腐剂都会刺激敏感皮肤。

　　4. 换新护肤品时，涂抹一个硬币量的护肤品在耳后，观察 24 小时，看是否有瘙痒、红肿等现象。如果没有反应，就说明这个产品相对比较安全！

手账

好 l 肤 l 知 l 时 l 节

将你当下的护肤小烦恼以及选用的护肤品记录下来吧，
变成你的专属美肤记录本。

好 l 肤 l 清 l 单

记下你最近了解到的护肤小技巧吧。

手 l 作 l 笔 l 记

把你手作遇到的问题记下来吧，
也可以去问康大美。

/ 春 分 /

御时光的抗衰精华液

　　古时以立春至立夏为春季，春分正好是春季九十天的中间点，平分了春季。在春分之日，南北半球昼夜平分。春分过后，太阳的位置逐渐北移，开始昼长夜短，而日照的强度也开始变强，也就是从春分之时，更加要注意防止光老化了。

光损伤，对衰老很致命

光，看似无形，但是对衰老很致命。光会使皮肤弹性纤维变形、功能丧失，导致皮肤松弛没有弹性。光还会导致胶原纤维结构改变、含量减少，导致皮肤出现皱纹。光还能使皮肤中的透明质酸等保湿成分降解，导致皮肤干燥。有的人说，岁数大了，皮肤变老了，其实不是年龄的问题。是光损伤的积累，让我们的皮肤有了岁月的痕迹，这下大家知道抗光老化的意义了吧！

光老化防护指南

1. 少暴晒。主动减少长时间暴露在紫外线下。

2. 物理防护效果好。平常尤其是夏日，随身携带帽子、遮阳伞、太阳镜、口罩等防晒用具。

3. 防晒霜很重要。紫外线无处不在，所以防晒四季都是需要的，具体怎么选，去本节的护肤笔记看看吧。

一、白茶晚安精华

工具

电磁炉或电陶炉 ·········· 1 台

家用小型电子秤

　（精确到 0.1g）········· 1 台

玻璃烧杯（500mL）······ 1 个

玻璃烧杯（50mL）······· 1 个

搅拌棒 ····················· 1 支

实验温度计 ··············· 1 支

75% 医用酒精喷雾 ······· 1 支

茶色滴管瓶（50mL）····· 4 个

过滤纱布（200 目）······ 1 块

材料

白茶 ························· 8g

银耳 ························· 6g

芦荟粉 ····················· 0.1g

汉生胶（黄原胶）········· 0.4g

甘油 ························· 16g

己二醇 ····················· 2g

戊二醇 ····················· 4g

视频二维码

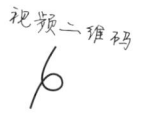

步骤

1. 称取银耳，提前 1h 泡发。
2. 将白茶、泡发好的银耳加入 200g 纯净水中，沸水隔水加热 20min。
3. 待冷却，用纱布过滤植物残渣，滤液备用。用纯净水补充溶液至 180g。
4. 按顺序称取甘油，加入汉生胶。搅拌，使汉生胶均匀分散在甘油中，备用。

   （注意：甘油与汉生胶加入顺序不能颠倒，否则无法均匀分散）。
5. 在步骤 3 的滤液中加入步骤 4 的增稠剂。加热同时不停搅拌，直至汉生胶全部溶解，溶液变黏稠。
6. 加入芦荟粉、己二醇、戊二醇，搅拌。
7. 将精华转存至消毒后的容器，密封保存。

用法

在化妆水之后，取 3 ~ 5 滴精华液在手掌中，轻轻揉搓后将精华液轻柔涂抹在脸部即可。

Tips

白茶晚安精华中白茶能够抑制紫外线对肌肤胶原蛋白和弹性蛋白的降解作用，清除过剩的自由基，减少肌肤的氧化应激。芦荟富含芦荟多糖，能保持肌肤水润，使皮肤内的生物反应正常进行。

即使进行了光老化修复保养，也要做好防晒，毕竟预防比修复的代价更小！

二、可可晚安精华

工具

电磁炉或电陶炉⋯⋯⋯⋯1台

家用小型电子秤

（精确到0.1g）⋯⋯⋯1台

玻璃烧杯（500mL）⋯⋯1个

玻璃烧杯（50mL）⋯⋯1个

搅拌棒⋯⋯⋯⋯⋯⋯⋯1支

实验温度计⋯⋯⋯⋯⋯1支

75%医用酒精喷雾⋯⋯1支

茶色滴管瓶（50mL）⋯4个

过滤纱布（200目）⋯⋯1块

材料

咖啡豆⋯⋯⋯⋯⋯⋯⋯8g

金银花⋯⋯⋯⋯⋯⋯⋯5g

黄精⋯⋯⋯⋯⋯⋯⋯⋯6g

汉生胶（黄原胶）⋯⋯0.4g

甘油⋯⋯⋯⋯⋯⋯⋯16g

己二醇⋯⋯⋯⋯⋯⋯⋯2g

戊二醇⋯⋯⋯⋯⋯⋯⋯4g

视频二维码

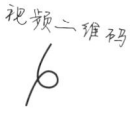

💧 步骤

1. 称取咖啡豆、金银花、黄精加入200g纯净水，加热20min。

2. 待冷却，用滤网勺过滤植物残渣，滤液备用。用纯净水补充溶液至180g。

3. 按顺序称取甘油，加入汉生胶。搅拌，使汉生胶均匀分散在甘油中，备用。

   （注意：甘油与汉生胶加入顺序不能颠倒，否则无法均匀分散）。

4. 在步骤2的滤液中加入步骤3的增稠剂。加热同时不停搅拌，直至汉生胶全部溶解，溶液变黏稠。

5. 加入己二醇、戊二醇，搅拌。

6. 将精华转入消毒后的容器，密封保存。

💧 用法

在化妆水之后，取3～5滴精华液在手掌中，轻轻揉搓后将精华液轻柔涂抹在脸部即可。

🌸 Tips

可可晚安精华中咖啡豆则含有大量的咖啡因、没食子儿茶素、表儿茶素，能够清除紫外线产生的自由基。黄精富含多糖，保证皮肤良好的水合作用，避免春日肌肤的干燥。

即使进行了光老化修复保养，也要做好防晒，毕竟预防比修复的代价更小！

护肤笔记

现在大家都知道要防晒，但是防晒霜怎么用、怎么选是有技巧的，看看这些疑惑你是不是也有呢？

防晒霜用多少？

根据国家规定，防晒产品的 SPF 值是按照 $2mg/cm^2$ 的用量测试得到的，换算一下一般防晒霜要取约一元硬币大小的量才能满足要求，如果质地比较稀薄，取的量还要多于一元硬币大小。尤其在户外，一定要涂够量才能有效防晒，千万不要嫌厚重。

抗光老化的防晒霜怎么选？

对抗光老化，首先要会选防晒霜。选防晒霜的时候有两个值，PA 值和 SPF 值。其中 PA 加号越多，就代表这个防晒霜防光老化的能力越强，SPF 值越大，代表防太阳暴晒能力越强。所以，如果大家平常没有太多的暴晒，只是为了防止光老化，PA 加号越多越好，SPF20 左右就可以了。

敏感皮的防晒霜怎么选？

敏感皮推荐使用含有二氧化钛、氧化锌的物理防晒剂或者儿童防晒产品。另外提醒大家，可不要轻视墨镜、帽子的防晒效果，尤其是对于敏感皮，墨镜、口罩、帽子可是最好的防晒三宝。

手账

好|肤|知|时|节

将你当下的护肤小烦恼以及选用的护肤品记录下来吧，
变成你的专属美肤记录本。

好|肤|清|单

记下你最近了解到的护肤小技巧吧。

手|作|笔|记

把你手作遇到的问题记下来吧，
也可以去问康大美。

/ 清 明 /

洗白白的沐浴皂

"清明断雪，谷雨断霜。"清
明时分，冰雪消融，草木青青，春
和景明。清明节是传统节日，我国
自古就有沐浴濯秽、祈福祭祖、郊
游踏青的习俗。我们也和大家一起
做一些应景的沐浴剂，濯秽沐浴，
气清景明。

正确清洁要知道

1. 把握度很重要。皮脂是我们皮肤重要的防护网，它覆盖在皮肤表面，由皮脂腺、汗腺分泌物和角化细胞崩解物组合而成，像一层无形的屏障影响皮肤的健康。尤其是敏感性皮肤，早上建议用清水洗脸就够了。

2. 清洁不能控油。清洁只是暂时把面部油脂去掉，但没有解决根本问题，甚至由于过度清洁，皮脂腺还会得到皮肤缺油的错误信号，反而分泌更多的油脂。

3. 清洁不能祛痘。有的洁面产品会宣称可以祛痘，大概率是添加了水杨酸或者 BPO（过氧苯甲酰），这两种成分只是有一些抑菌作用，不要以为频繁地清洁就能把痘痘去掉。相反，如果清洁过度，反而会加重痘痘的炎症状态。

4. 清洁不能美白。有的洁面产品会宣称是美白洗面奶，其实完全没必要。作为一个非驻留产品，洁面产品唯一的功效就是洗去皮肤污垢，其他的功效不要强求也不该属于这个产品。

一、燕麦浴舒宝

工具

电磁炉或电陶炉 ············ 1 台

家用小型电子秤

（精确到 0.1g） ········· 1 台

加热锅 ························· 1 口

碗 ····························· 1 个

滤网勺 ························· 1 个

材料

燕麦 ······················· 20g

黄精 ······················· 20g

香薷 ······················· 20g

紫苏 ······················· 20g

💧 步骤

1 称取燕麦、黄精、香薷、紫苏，加入 1.6L 纯净水，小火煎熬 1h。

2 待冷却，过滤植物残渣，滤液备用。

💧 用法

1 该洗剂现配现用。

2 淋浴前用等量的纯净水稀释洗剂，再冲洗肌肤，最后用清水冲洗干净。

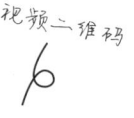

视频二维码

🌸 Tips

燕麦浴舒宝中的燕麦含有 β - 葡聚糖，能够快速改善肌肤的保湿度，减少粗糙，增强肌肤弹性。黄精多糖具有优良的保湿性能。香薷和紫苏叶具有抑制多种有害菌活性的作用，其中紫苏叶还具有抗炎功效。儿童、中青年人、老年人均可使用。

二、杏仁润泽浴芭

工具

电磁炉或电陶炉·········· 1 台

家用小型电子秤

（精确到 0.1g）·········· 1 台

碗·········· 1 个

喷雾瓶·········· 2 支

浴盐球模具（半圆）·········· 4 个

材料

小苏打（碳酸氢钠）·········· 100g

柠檬酸粉

（无水柠檬酸）·········· 50g

玉米淀粉·········· 50g

食品级硫酸镁·········· 50g

氨基酸起泡粉·········· 50g

干燥玫瑰花瓣·········· 少许

甜杏仁油·········· 5mL

精油·········· 25 滴

视频二维码

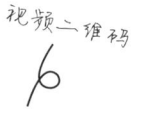

◑ 步骤

1 称取小苏打、柠檬酸粉、玉米淀粉、食品级硫酸镁与氨基酸起泡粉，混合均匀。

2 加入甜杏仁油，精油，混匀。

3 用喷雾瓶少量多次加入纯净水，每次喷完要立刻混合均匀，至捏起成团不松散，揉搓能变回粉末状态。

4 将干燥玫瑰花瓣撕碎，放在浴盐球模底部中央。

5 取步骤 3 中的混合物放入模具填满按实，轻轻脱模。

6 于避光阴凉处静置 24h，用保鲜膜包装，转存至密闭容器中保存。

◑ 用法

准备一颗或半颗浴芭，徒手捏碎成小碎块或细粉末，在水龙头下对着水冲，到达浴缸注水量即可停止。

❀ Tips

将杏仁润泽浴芭放入水中后，碱性的碳酸氢钠和酸性的柠檬酸发生反应，释放二氧化碳，生成大量水珠，释放的碳酸则能够促进血液循环。

护肤笔记

"夜来新沐浴，肌发舒且柔。"在沾染了一天的尘埃后，洗一个舒舒服服的澡，卸下一身疲惫，这是成年人最低成本的快乐。

入浴剂选用指南

市面上常见入浴剂有浴芭、浴盐等。

浴芭溶入水中释放的碳酸能深入肌肤，有助于毛孔扩张，促进血液循环，放进浴缸的时候非常好玩且会有轻微吱吱吱的响声。碳酸氢钠能够缓解皮肤瘙痒症状，同时使肌肤更加柔滑。柠檬酸则能软化皮肤角质。

市面上的沐浴盐主要由天然海盐和不同的植物精油等组成，能够杀菌消炎，清洁皮肤，但不可食用哦。

大家在挑选市面入浴剂时，可以根据入浴剂含有的精油功能、颜色和香味自行选择。

入浴剂使用指南

1. 浴芭必须在放水之前就放在浴缸里，把软软的入浴剂捏下一部分，再放到热水龙头或者喷头下，让热水可以正好冲击入浴剂。

2. 水温控制在 37~39℃。用入浴剂时不再使用肥皂或沐浴露。

3. 泡澡时心和肺部露出水面。泡澡时长以 20min 为宜。

4. 泡完及时擦干全身。

手账

好 | 肤 | 知 | 时 | 节

将你当下的护肤小烦恼以及选用的护肤品记录下来吧，
变成你的专属美肤记录本。

好 | 肤 | 清 | 单

记下你最近了解到的护肤小技巧吧。

手 | 作 | 笔 | 记

把你手作遇到的问题记下来吧，
也可以去问康大美。

/ 谷 雨 /

春暖花开悦伊人的彩妆

　　"谷雨"源自古人"雨生百谷"之说，《月令群芳谱》记载："谷雨，谷得雨而生也。"

　　谷雨是春季的最后一个节气，都说春风十里不如你，趁着春天还没有结束，约上自己的爱人，在春暖花开之际，化个漂亮的彩妆，来一场浪漫的约会吧。

约会不脱妆的小心机

在这个节气，跟大家分享三个约会不脱妆的小心机，约会必备哦！

"粘前"：在涂粉底之前，先涂抹偏滋润的妆前乳，可以提高粉底的抓粉能力。

"固后"：用湿润的海绵蘸取足量散粉按压在眼下、T区和下巴等很容易脱妆晕妆的地方，等待 3 ~ 5min，让散粉与皮肤充分融合，之后把余粉扫掉。

"选中间"：选择哑光质感的粉底液。哑光粉底更遮瑕持久，而且朦胧柔和的雾面妆效仿佛自带了柔焦处理。当带妆时间进一步加长，脸部轻微出油，妆效则转变成自然光泽肌。

一、露华朝颜定妆散粉

工具

家用小型电子秤

　（精确到0.1g）⋯⋯⋯⋯1台

玻璃烧杯（100mL）⋯⋯⋯1个

研磨工具⋯⋯⋯⋯⋯⋯⋯1套

搅拌棒⋯⋯⋯⋯⋯⋯⋯⋯1支

散粉盒⋯⋯⋯⋯⋯⋯⋯⋯1个

材料

高岭土⋯⋯⋯⋯⋯⋯⋯⋯10g

玉米淀粉⋯⋯⋯⋯⋯⋯⋯27g

珍珠粉⋯⋯⋯⋯⋯⋯⋯⋯3g

粉石泥粉⋯⋯⋯⋯⋯⋯⋯2g

绿石泥粉⋯⋯⋯⋯⋯⋯⋯2g

二氧化钛⋯⋯⋯⋯⋯⋯⋯2g

视频二维码

💧 步骤

1. 称取高岭土、玉米淀粉、珍珠粉、粉石泥粉、绿石泥粉、二氧化钛混合研磨，至粉质均匀细腻。
2. 转存至消毒后的散粉盒，密封保存。

💧 用法

1. 烘焙定妆（解决"大油田"的定妆大法）：完成底妆后，干燥美妆蛋多沾一点散粉，敷在眼下，等15秒后，用散粉刷扫掉，一整天吸油不脱妆。
2. 眼影打底：用眼影刷蘸取适量散粉给眼睛打底，后期晕染眼影效果更好。如果眼影晕染太重，也可将眼影刷蘸取散粉将眼影打圈晕开，眼影呈现自然。
3. 睫毛打底：夹完睫毛后，用散粉刷蘸取一点点散粉，给睫毛打底，然后再用睫毛膏刷，这样避免结块，刷出根根分明的太阳花睫毛。画完全妆后，再用睫毛夹夹一下，加强效果。

🌸 Tips

露华朝颜定妆散粉中，高岭土是由珍珠石等多种矿物组成的，本身具有一定的干燥性，它使皮肤更加透亮和白皙。绿石泥粉、粉红石泥粉能够中和白色，不至于使妆容过白不自然。

二、青黛蛾眉粉

工具

家用小型电子秤

　（精确到 0.1g）·········· 1 台

玻璃烧杯（100mL）······· 1 个

研磨工具·················· 1 套

搅拌棒···················· 1 支

眉粉盒···················· 1 个

材料

竹炭粉··················· 10g

青黛粉···················· 5g

蜂蜡····················· 5g

甜杏仁油················· 15g

步骤

1　将竹炭粉、青黛粉混合研磨，至粉质均匀，盛出。

2　称取甜杏仁油、蜂蜡，边加热边搅拌，直至油脂完全溶解。

3　将步骤 2 中的油加入步骤 1 中的粉末，混合搅拌均匀。

4　趁热将眉粉转存至眉粉盒中，静置凝固成型。

用法

用眉刷蘸取使用。

视频二维码

Tips

青黛蛾眉粉选用竹炭粉和青黛粉，古代女子使用的黛粉就是青黛粉。读者也可根据自身眉毛颜色深浅，适当增减竹炭和青黛的比例哦。

护肤
笔记

卸妆产品选用指南

对于不同的卸妆产品，从清洁力上考虑：油＞膏＞乳＞水。膏、水适用于油性肌肤或痘肌，乳适用于敏感肌，油适用于干性或混合型肌肤，对浓妆、防水妆更有效。

经常有朋友问，卸妆油常用矿物油，是不是会致痘？这和矿物油本身没关系，而与所选用的矿物油质量有关系。一些商家选用的低质量矿物油里面有很多杂质，就会有致痘风险。

手账

好 | 肤 | 知 | 时 | 节

将你当下的护肤小烦恼以及选用的护肤品记录下来吧，
变成你的专属美肤记录本。

好 | 肤 | 清 | 单

记下你最近了解到的护肤小技巧吧。

手 | 作 | 笔 | 记

把你手作遇到的问题记下来吧，
也可以去问康大美。

Part 2

夏长

/ 立 夏 /

滑溜溜的磨砂膏

　　立夏是夏季的第一个节气。"斗指东南，维为立夏，万物至此皆长大，故名立夏也。"从立夏开始，万物进入生命力最为旺盛的青年时期。也是从立夏开始，气温明显升高。为了躲避夏天的酷暑，我们经常称"消夏"，"消，消除，散失也"，"消"也道尽了立夏之后皮肤的康美之道。进入夏季，皮肤代谢速度加快，容易出现死亡角质细胞的堆积，造成皮肤暗淡、污浊。因此我们需要适当"消除"角质细胞的堆积。

去角质也要分类型

即便是"消除"角质细胞的堆积，也要科学适度。不能自己主观觉得脸上油腻就频繁去角质，否则不但皮肤不会变干净，还会损伤皮肤屏障。

1. 油性皮肤、混合性皮肤可适当地去角质，一个月进行一次即可，不能太频繁。敏感皮和干皮则不宜去角质，本身皮肤屏障就脆弱，去角质会雪上加霜。

2. 不建议高浓度"刷酸"，如果想要尝试，建议选最低浓度的试一试。另外在"刷酸"过程中，如果皮肤出现起皮、发红、刺痛等现象，应立即停止，并使用一些舒缓保湿类的产品，及时修护。

一、晶花玉妍磨砂块

工具

电磁炉或电陶炉·········1 台

家用小型电子秤

（精确到 0.1g）·········1 台

加热锅···················1 口

玻璃烧杯（250mL）·····1 个

计量勺···················1 支

一次性滴管（1mL）·····1 支

研磨工具·················1 套

搅拌棒···················1 支

材料

粗海盐···················70g

椰子油···················22g

甘油·····················5g

海藻糖···················3g

💧步骤

1　称取粗海盐研磨成细粉。

2　称取椰子油，加热使其融化。

3　将海盐、海藻糖、甘油和椰子油混匀。

4　倒入模具，于冰箱静置冷藏半小时后，脱模。

💧用法

1　沐浴时可用磨砂块按摩至全身，然后用温水冲洗。

2　脸部肌肤柔嫩，避免使用。

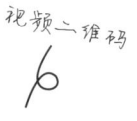

视频二维码

🌸 Tips

晶花玉妍磨砂块中的海藻糖具有优良的保湿效果，海藻糖分子量小，易被皮肤吸收，可以提高皮肤的抗干燥性。椰子油具有强力清洁效果，溶解皮肤污垢，同时还能滋润肌肤。

二、绵砂细肤磨砂膏

工具

家用小型电子秤

（精确到 0.1g）⋯⋯⋯⋯ 1 台

面膜碗⋯⋯⋯⋯⋯⋯⋯⋯ 1 个

计量勺⋯⋯⋯⋯⋯⋯⋯⋯ 1 支

研磨工具⋯⋯⋯⋯⋯⋯⋯ 1 套

面霜瓶（50g）⋯⋯⋯⋯⋯ 2 个

材料

白砂糖⋯⋯⋯⋯⋯⋯⋯⋯ 50g

甘油⋯⋯⋯⋯⋯⋯⋯⋯⋯ 25g

💧 **步骤**

1 称取白砂糖，研磨至颗粒细小均匀（或使用绵砂糖）。

2 在研磨后的细砂糖中加入 25g 甘油，搅拌均匀。

3 转存至消毒后的容器，密封保存。

💧 **用法**

1 沐浴时可用手打圈，将磨砂膏温和按摩至全身，然后用温水冲洗。

2 脸部肌肤柔嫩，避免使用。

视频二维码

🌸 **Tips**

绵砂细肤磨砂膏是将甘油和白砂糖按适合的比例混合，使用时，请先用水湿润肌肤再使用。

护肤
笔记

去角质产品选用指南

1. 油性皮肤、痘痘肌：可以使用化学剥脱型产品。化学剥脱型产品是指使用一定浓度的化学成分（如水杨酸、果酸、乳酸等）将外层角质脱去，通常大家说的"刷酸"就是使用这类型的产品。使用之后肌肤会变得光滑，但是切记不能频繁使用，建议一个月一次。敏感肌禁用！

2. 中性皮肤：可以使用生物酶解型产品。生物酶解型产品是将生物酶类成分加入洗护产品，通过植物蛋白酶溶解构成皮肤角质的角蛋白，从而起到去角质的作用。很多洁颜粉都会有类似的功效，使用这类产品时要注意需用温水洁面，因为酶作用的发挥需要一定温度的帮助。

3. 去除身体角质：可以使用物理剥脱型产品。物理剥脱型产品是指使用机械（物理）摩擦的方法将老化角质脱去，如磨砂膏、磨皮机等。使用的时候一定要用热水充分软化角质，切忌用力过猛哦！

手账

好 | 肤 | 知 | 时 | 节

将你当下的护肤小烦恼以及选用的护肤品记录下来吧，
变成你的专属美肤记录本。

好 | 肤 | 清 | 单

记下你最近了解到的护肤小技巧吧。

手 | 作 | 笔 | 记

把你手作遇到的问题记下来吧，
也可以去问康大美。

/ 小 满 /

好清爽的控油洁面皂

　　"四月中，小满者，物致于此小得盈满。"此时北方地区的麦类等夏熟作物籽粒开始饱满，但还没有成熟，故称小满。小满之时，南北温差缩小，降雨进一步增多，大部分地区进入夏季，日均温度在22℃以上，黄河以南到长江中下游地区可能出现35℃以上高温。高温会导致皮肤油脂分泌旺盛，此时可能会觉得皮肤油脂也会"小满"。

三步控油

　　控油可不只是"洗去"和"吸走"两种方式。建立正确的护肤方式，慢慢地就能从根本上减少皮肤油脂分泌了，三步"控油"，告诉你身边有需要的人吧！

　　清：略微加大清洁力度，洗去多余油脂。出门在外或带妆出行，可以选择吸油纸或散粉吸掉多余油脂。但是千万不要陷入过度清洁的误区！皮肤再油，每天洁面两次就足够！

　　润：油痘肌的保湿很重要，可以选择清爽的啫喱或者轻薄的乳液，不能只涂一点点护肤水，这样反而使皮肤更容易出油。

　　养：饮食与作息对皮肤出油影响很大。不知道大家有没有发现熬夜和油脂摄入过度会使脸部泛油状况显著呢！不要小看早睡早起、多吃蔬菜这些小事，都对控油有很大帮助。

一、人参散浊洁面皂

工具

电磁炉或电陶炉…………1 台

家用小型电子秤

（精确到 0.1g）…………1 台

加热锅…………………1 口

玻璃烧杯（250mL）……2 个

实验温度计……………1 支

香皂模具

（各种形状）………若干个

材料

植物皂基…………………125g

人参………………………4g

丹参………………………4g

茶树精油…………………1g

氨基酸起泡剂……………5mL

◆ 步骤

1 称取人参、丹参于加热锅中，加入 100g 纯净水，加热 20min。

2 待冷却，用纱布过滤植物残渣，滤液备用。

3 称取植物皂基加热至完全融化。

4 趁热加入氨基酸起泡剂、茶树精油和 20g 步骤 2 所得滤液，混合均匀。

5 撇去表面泡沫，趁热倒入模具。

6 放入冰箱冷藏至凝固，脱模。

◆ 用法

湿润面部，将洁面皂在手中揉搓几下或用起泡网摩擦出泡沫后，按摩脸部 2min，用清水洗去。

视频二维码

🌸 Tips

① 人参散浊洁面皂中的人参、丹参、茶树精油均能改善皮肤油脂分泌，平衡油脂，具有抗菌作用。

② 这款香皂适用于油性肌肤，非常适合在夏日使用。

二、茶泽净妍洁面皂

工具

电磁炉或电陶炉 ………… 1 台

加热锅 …………………… 1 口

家用小型电子秤

（精确到 0.1g） ………… 1 台

玻璃烧杯（250mL）……… 2 个

实验温度计 ……………… 1 支

手工皂模具

（各种形状）…………… 若干个

材料

植物皂基 …………………… 125g

绿茶 …………………………… 8g

茶树精油 …………………… 1g

氨基酸起泡剂 ……………… 5mL

♦ 步骤

1 称取绿茶，加入 100g 纯净水，加热 20min。

2 待冷却，用纱布过滤绿茶残渣，滤液备用。

3 称取植物皂基加热至完全融化。

4 趁热加入 20g 滤液以及起泡剂、茶树精油，混合均匀。

5 撇去表面泡沫，趁热倒入模具。

6 放入冰箱冷藏至凝固，脱模。

♦ 用法

湿润面部，将洁面皂在手中揉搓几下或用起泡网摩擦出泡沫后，按摩脸部 2min，用清水洗去。

视频二维码

🌸 Tips

① 茶泽净妍洁面皂中绿茶具有收敛抗菌作用。

② 这款香皂适用于油性肌肤，非常适合在夏日使用。

护肤笔记

当护肤成为人人都关心的事情，成分主义者越来越多，成分好像就开始有了高低之分。比如洁面洗浴产品，大家都在倡导氨基酸洁面的安全温和，这是没错的，但是甲之蜜糖乙之砒霜，油性肌肤使用氨基酸洁面不一定能做到充分的清洁，选用适合自己的洁面产品才是关键。

洁面产品选用指南

1. 油性皮肤、中性皮肤，可以选择皂基洗面奶或者洁面皂。

2. 敏感肌肤、痘痘肌，更推荐使用弱酸性的洁面产品。

如果洗完后，面部感觉清清爽爽也不紧绷，则清洁力度刚刚好。

洁面产品 pH 测定指南

大家可能经常听说洁面产品呈弱酸性或者弱碱性，到底是不是真的，大家可以在家里试一试！

取 0.1g 洁面皂（洁面乳）样品加入 10mL 热水，调制成 1% 的溶液，搅拌使其完全溶解后静置，待泡沫消失。然后用玻璃棒蘸取少量溶液涂在 pH 试纸上，与试纸盒上的比色卡对比，判读 pH 值。

手账

好 | 肤 | 知 | 时 | 节

将你当下的护肤小烦恼以及选用的护肤品记录下来吧，
变成你的专属美肤记录本。

好 | 肤 | 清 | 单

记下你最近了解到的护肤小技巧吧。

手 | 作 | 笔 | 记

把你手作遇到的问题记下来吧，
也可以去问康大美。

/ 芒 种 /

抑菌还不伤手的免洗啫喱

芒种时节已经进入仲夏，气温升高，降水多。长江中下游地区进入梅雨时节，天气闷热潮湿，细菌也更容易繁殖。在这个节气，做一些免洗手消毒凝胶给自己和家人吧，给他们时刻安心"手"护。

手部护理要点

1. "手边常备护手霜"。护手霜是及时补充手部皮肤所需油分、滋润保湿、缓解干燥皲裂症状的有效利器。手边应该时刻备有一支护手霜，每次洗手后都能涂抹。

2. "每周打卡滋养膜"。1～2周1次，热水洗手后，在手部涂抹大量护手霜进行按摩，不仅可以滋养手部，还可以加快血液循环。

3. "十指不沾阳春水"。长时间接触抑菌剂、清洁剂、刺激性食物、汽油、酒精、地蜡、汽车蜡等，或者洗手太频繁、手长时间浸在水中，都会对手部皮肤造成很大伤害，做家务时一定要戴手套。

一、赤落抑菌免洗啫喱

工具

电磁炉或电陶炉 ·········· 1 台

家用小型电子秤

　（精确到 0.1g）·········· 1 台

玻璃烧杯（50mL）·········· 1 个

玻璃烧杯（150mL）·········· 1 个

玻璃烧杯（500mL）·········· 2 个

搅拌棒 ·········· 1 支

压嘴瓶（100mL）·········· 4 个

过滤纱布（200 目）·········· 1 块

材料

赤芍 ·········· 2.5g

蒲公英 ·········· 2.5g

甘油 ·········· 8g

羟乙基纤维素 ·········· 0.5g

95% 医用酒精 ·········· 300g

视频二维码

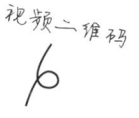

💧步骤

1　称取赤芍、蒲公英，加入 100g 纯净水，加热 20min。

2　待冷却，用纱布过滤植物残渣，滤液备用。用纯净水补充溶液至 92g。

3　按顺序称取甘油，加入羟乙基纤维素，搅拌，使羟乙基纤维素均匀分散在甘油中，备用。

　（注意：甘油与羟乙基纤维素加入顺序不能颠倒，否则无法均匀分散）。

4　在步骤 2 的滤液中加入步骤 3 的增稠剂。加热的同时不停搅拌，直至羟乙基纤维素全部溶解，溶液变黏稠。

5　将 95% 医用酒精与步骤 4 中的溶液混合均匀。

6　将免洗啫喱转存至消毒后的容器，密封保存。

💧用法

取 2 泵的免洗啫喱在掌心，按照七步洗手法进行消毒。

🌸Tips

赤落抑菌免洗啫喱中的赤芍、蒲公英能够抑制金黄色葡萄球菌（常见致病菌之一），同时配方中添加了适量的甘油，保证抑菌的同时还能保湿，缓解因酒精造成的皮肤干燥。

二、银花抑菌免洗啫喱

工具

电磁炉或电陶炉 ………… 1 台

家用小型电子秤

　（精确到 0.1g）………… 1 台

玻璃烧杯（50mL）………… 1 个

玻璃烧杯（150mL）………… 1 个

玻璃烧杯（500mL）………… 2 个

搅拌棒 ………………………… 1 支

压嘴瓶（100mL）………… 4 个

过滤纱布（200 目）……… 1 块

材料

洋甘菊 ……………………… 2.5g

金银花 ……………………… 2.5g

甘油 ……………………………… 8g

羟乙基纤维素 ……………… 0.5g

95% 医用酒精 …………… 300g

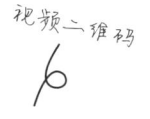

💧步骤

1　称取洋甘菊、金银花，加入 100g 纯净水，加热 20min。

2　待冷却，用纱布过滤植物残渣，滤液备用。用纯净水补充溶液至 92g。

3　按顺序称取甘油，加入羟乙基纤维素，搅拌，使羟乙基纤维素均匀分散在甘油中，备用。

　（注意：甘油与羟乙基纤维素加入顺序不能颠倒，否则无法均匀分散。）

4　在步骤 2 的滤液中加入步骤 3 中的增稠剂。加热的同时不停搅拌，直至羟乙基纤维素全部溶解，溶液变黏稠。

5　将 95% 医用酒精与步骤 4 的溶液混合均匀。

6　将免洗啫喱转存至消毒后的容器，密封保存。

💧用法

取 2 泵的免洗啫喱在掌心，按照七步洗手法进行消毒。

🌸 Tips

银花抑菌免洗啫喱中的洋甘菊、金银花能够抑制金黄色葡萄球菌（常见致病菌之一），同时配方中添加了适量的甘油，保证抑菌的同时还能保湿，缓解因酒精造成的皮肤干燥。

护肤
笔记

随着公众卫生意识的提高，越来越多的人出门都会带上一瓶洗手液。对于洗手液，不少人存在一些盲区，以为洗手液都能有效抑制或者杀灭细菌，这可不对哦。

洗手液主要分为两种，一种是不具有抗菌作用的，一种是具有抗菌作用的。

大家可以在洗手液背面看卫生许可信息一栏，如果是"卫妆准字"，则该洗手液偏重于清洁、去污，对手上的致病菌无能为力。如果是"卫消证字"，则该洗手液能够帮助抑制或杀灭常见致病菌。如果经常出入公共场所（如医院、酒店、学校、公共卫生间等），有抑菌诉求，不论是免洗的还是冲洗的洗手液，一定要看清楚，选"卫消证字"的洗手液哦。

如果公众场合没有抑菌洗手液，也不必惊慌。即使是最普通的肥皂或者不含抑菌成分的洗手液，只要洗手的动作规范、认真（严格按照七步洗手法），就能消除手上的绝大部分附着菌落。如何洗手比用什么洗手更重要！

手账

好 | 肤 | 知 | 时 | 节

将你当下的护肤小烦恼以及选用的护肤品记录下来吧，
变成你的专属美肤记录本。

好 | 肤 | 清 | 单

记下你最近了解到的护肤小技巧吧。

手 | 作 | 笔 | 记

把你手作遇到的问题记下来吧，
也可以去问康大美。

/夏 至/

温和的净颜睡眠面膜

　　《月令七十二候集解》中说：
"五月中，夏，假也。至，极也，
万物于此皆假大而至极也。"夏至
这天，太阳直射地面的位置到达一
年的最北端，几乎直射北回归线，
此时北半球的白昼最长，日照强度
达到了一年中的顶峰。而且夏至时
节正是江淮一带的梅雨季节，空气
潮湿且气温持续升高是夏至的典型
特征。高温、高湿的气候对痘肌十
分不友好，这个时节痘肌需要格外
注意了。

痘肌护肤注意事项

1. 洗完脸不要自然晾干。残留在脸上的自来水，会加剧痘痘的炎症反应。有痤疮的同学一定要注意，洗完脸要用干净的毛巾把脸擦拭干净，包括下巴、脖子。毛巾每周至少清洗一次，并通风晾干。

2. 不要使用泥状深层清洁产品。这类产品容易残留在毛孔中，加剧痘痘的炎症反应。

3. 不要摸、不要抠痘痘，手上有很多细菌，手经常接触痘痘会加重痘痘的炎症反应。

痘肌饮食注意事项

想要祛痘，不仅要注意皮肤护理，吃东西也要特别注意，否则用再多的护肤品也是不管用的。

1. 多吃水果和蔬菜，特别是火龙果和根茎类的蔬菜，如：芹菜、胡萝卜等。

2. 少吃奶制品、甜品。尤其是奶制品，容易被大家忽略，酸奶、牛奶、蛋白粉都要少吃。

3. 少吃辛辣的食物。辛辣的食物不仅包括辣椒还包括葱、姜、蒜，都要少吃。

一、当归舒净睡眠面膜

工具

电磁炉或电陶炉⋯⋯⋯1 台

家用小型电子秤

　（精确到 0.1g）⋯⋯⋯1 台

玻璃烧杯（50mL）⋯⋯1 个

玻璃烧杯（250mL）⋯⋯2 个

搅拌棒⋯⋯⋯⋯⋯⋯⋯1 支

实验温度计⋯⋯⋯⋯⋯1 支

面霜瓶（50g）⋯⋯⋯⋯2 个

过滤纱布（200 目）⋯⋯1 块

材料

丹参⋯⋯⋯⋯⋯⋯⋯⋯⋯4g

当归⋯⋯⋯⋯⋯⋯⋯⋯⋯3g

甘油⋯⋯⋯⋯⋯⋯⋯⋯⋯8g

羟乙基纤维素⋯⋯⋯⋯0.5g

己二醇⋯⋯⋯⋯⋯⋯⋯⋯1g

戊二醇⋯⋯⋯⋯⋯⋯⋯⋯2g

视频二维码

🌢 步骤

1　称取丹参、当归于加热锅中，加入 100g 纯净水，加热 20min。

2　待冷却，用纱布过滤植物残渣，滤液备用。用纯净水补充溶液至 90g。

3　按顺序称取甘油，加入羟乙基纤维素，搅拌，使羟乙基纤维素均匀分散在甘油中，备用。

　（注意：甘油与羟乙基纤维素加入顺序不能颠倒，否则无法均匀分散。）

4　在步骤 2 的滤液中加入步骤 3 的增稠剂。加热的同时不停搅拌，直至羟乙基纤维素全部溶解，溶液变黏稠。

5　加入己二醇、戊二醇，搅拌。

6　将睡眠啫喱转存至消毒后的容器，密封保存。

🌢 用法

做完日常的护理工作之后，取一元硬币大小睡眠面膜，均匀厚涂于面部，待脸上的啫喱状面膜干燥之后，即可入睡。

🌸 Tips

当归舒净睡眠面膜中的丹参是在痘肌化妆品中常添加的中药原料之一。丹参含有的化学成分，如丹参酮、丹参酮ⅡA、丹参酮ⅡB 等具有抑菌抗炎的作用。当归能够改善皮肤微循环，还具有抗炎、抗菌的作用。这款睡眠面膜质地清爽，兼具保湿、抑菌抗炎作用，适宜痘痘肌肤的使用！

二、绿茶清颜睡眠面膜

工具

电磁炉或电陶炉………1台

家用小型电子秤

  （精确到0.1g）………1台

玻璃烧杯（50mL）………1个

玻璃烧杯（250mL）………2个

搅拌棒………1支

实验温度计………1支

面霜瓶（50g）………2个

过滤纱布（200目）………1块

材料

蒲公英………3g

绿茶………3g

甘油………8g

羟乙基纤维素………0.5g

己二醇………1g

戊二醇………2g

视频二维码

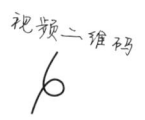

💧 步骤

1 称取蒲公英、绿茶，加入100g纯净水，加热20min。

2 待冷却，用纱布过滤植物残渣，滤液备用。用纯净水补充溶液至90g。

3 按顺序称取甘油，加入羟乙基纤维素，搅拌，使羟乙基纤维素均匀分散在甘油中，备用。

  （注意：甘油与羟乙基纤维素加入顺序不能颠倒，否则无法均匀分散。）

4 在步骤2的滤液中加入步骤3的增稠剂。加热的同时不停搅拌，直至羟乙基纤维素全部溶解，溶液变黏稠。

5 加入己二醇、戊二醇，搅拌。

6 将睡眠啫喱转存至消毒后的容器，密封保存。

💧 用法

做完日常的护理工作之后，取一元硬币大小睡眠面膜，均匀厚涂于面部，待脸上的啫喱状面膜干燥之后，即可入睡。

🌸 Tips

绿茶清颜睡眠面膜中的蒲公英能够抑制痘痘的诱发病菌——痤疮丙酸杆菌以及表皮葡萄球菌的生长。绿茶中含有丰富的多酚类物质，能够较好地抑制皮肤油脂的分泌，协助痘肌改善。

这款睡眠面膜质地清爽，兼具保湿、抑菌抗炎作用，适宜痘痘肌肤的使用！

护肤
笔记

痘肌护肤品选用指南

洗：选择弱酸性的洁面产品，维持皮肤微环境的稳定。另外不要频繁地洗脸，一早一晚，每天洗两次脸即可。

护：保湿要做好，痘肌皮肤油腻更需要保湿，推荐使用啫喱状保湿产品。

防：防晒很关键，痘肌防晒首选帽子、墨镜。

痘肌化妆指南

1. 分时间。痘痘破口前、痘痘结痂后可以化妆，痘痘破口后 3 天内尽量避免化妆。

2. 保干净。尤其注意保持化妆工具的干净，比如美妆蛋、刷具要经常清洁。因为本身这些工具就容易滋生细菌，会加重痘痘炎症。

3. 卸好妆。痘肌推荐使用卸妆油卸妆。

手账

好 l 肤 l 知 l 时 l 节

将你当下的护肤小烦恼以及选用的护肤品记录下来吧，
变成你的专属美肤记录本。

好 l 肤 l 清 l 单

记下你最近了解到的护肤小技巧吧。

手 l 作 l 笔 l 记

把你手作遇到的问题记下来吧，
也可以去问康大美。

/ 小 暑 /

水当当的保湿啫喱

　　暑，是炎热的意思。小暑为小热，意指天气开始变热，但还没有达到最热的状态，正如谚语所说："小暑不算热，大暑三伏天。"

　　不要以为夏天皮肤容易油腻腻的，就不会干燥。在夏天，皮肤水分蒸发加快，皮肤容易干燥。要注意这个时候的干燥是水分少造成的，所以要及时补水。

保持皮肤水分，这两件事情不要做

1. 清洁皮肤时不要选用脱脂力过强的产品，比如一些使用起来泡沫较多的洁肤产品，过强的清洁力会将皮肤表面的皮脂膜洗去。

2. 不要频繁地过度使用去角质产品，适度地去除角质，可以促进皮肤的新陈代谢，减轻由于角质层过厚而造成的皮肤粗糙现象。但是如果过度去除角质，会使角质层变薄，使角质层的屏障功能降低，使皮肤失水量增加，皮肤就会干燥。

一、仙绘胶

工具

电磁炉或电陶炉⋯⋯⋯1 台

家用小型电子秤

　（精确到 0.1g）⋯⋯⋯1 台

玻璃烧杯（50mL）⋯⋯⋯1 个

玻璃烧杯（250mL）⋯⋯⋯1 个

玻璃烧杯（500mL）⋯⋯⋯2 个

搅拌棒⋯⋯⋯⋯⋯⋯⋯⋯1 支

实验温度计⋯⋯⋯⋯⋯⋯1 支

压嘴瓶（100mL）⋯⋯⋯1 个

过滤纱布（200 目）⋯⋯⋯1 块

材料

芦荟粉⋯⋯⋯⋯⋯⋯⋯⋯0.3g

石斛鲜条⋯⋯⋯⋯⋯⋯⋯10g

甘油⋯⋯⋯⋯⋯⋯⋯⋯⋯16g

羟乙基纤维素⋯⋯⋯⋯⋯1g

己二醇⋯⋯⋯⋯⋯⋯⋯⋯2g

戊二醇⋯⋯⋯⋯⋯⋯⋯⋯4g

视频二维码

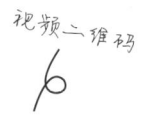

💧 **步骤**

1　称取石斛鲜条，加入 200g 纯净水，加热 20min。

2　待冷却，用滤网勺过滤植物残渣，滤液用纯净水补充溶液至 180g，备用。

3　按顺序称取甘油，加入羟乙基纤维素，搅拌，使羟乙基纤维素均匀分散在甘油中，备用。

　（注意：甘油与羟乙基纤维素加入顺序不能颠倒，否则无法均匀分散）。

4　在步骤 2 滤液中加入步骤 3 的增稠剂。加热的同时不停搅拌，直至羟乙基纤维素全部溶解，溶液变黏稠。

5　加入芦荟粉、己二醇、戊二醇，搅拌。

6　将啫喱转存至消毒后的容器，密封保存。

💧 **用法**

洁面后，取适量啫喱，均匀薄涂于面部，再进行后续护肤步骤。

🌸 **Tips**

> 仙绘胶中含有芦荟和石斛，富含植物多糖，其中石斛多糖能提高皮肤中水通道蛋白（AQP3）的表达，能够将我们身体真皮层的水分输送到皮肤表面，从而提高皮肤的保湿能力。

夏Part2 长

95

二、桃之胶润

工具

电磁炉或电陶炉 ………… 1 台

家用小型电子秤

　（精确到 0.1g） ………… 1 台

玻璃烧杯（50mL） ………… 1 个

玻璃烧杯（250mL） ………… 1 个

玻璃烧杯（500mL） ………… 2 个

搅拌棒 ………… 1 支

实验温度计 ………… 1 支

压嘴瓶（100mL） ………… 1 个

过滤纱布（200 目） ………… 1 块

材料

桃花 ………… 4g

桃胶 ………… 10g

甘油 ………… 16g

羟乙基纤维素 ………… 1g

己二醇 ………… 2g

戊二醇 ………… 4g

视频二维码

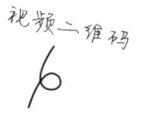

💧 步骤

1　称取 10g 桃胶，提前 3h 泡发。

2　向桃花、泡发好的桃胶中加入 200g 纯净水，沸水隔水加热 20min。

3　待冷却，用滤网勺过滤植物残渣，滤液备用。用纯净水补充溶液至 180g。

4　按顺序称取甘油，加入羟乙基纤维素，搅拌，使羟乙基纤维素均匀分散在甘油中，备用。

　（注意：甘油与羟乙基纤维素加入顺序不能颠倒，否则无法均匀分散。）

5　在步骤 3 滤液中加入步骤 4 的增稠剂。加热的同时不停搅拌，直至羟乙基纤维素全部溶解，溶液变黏稠。

6　加入己二醇、戊二醇，搅拌。

7　将啫喱转存至消毒后的容器，密封保存。

💧 用法

洁面后，取适量啫喱，均匀薄涂于面部，再进行后续护肤步骤。

🌸 Tips

桃之胶润中桃胶富含天然桃胶多糖，桃胶多糖的主要组成为半乳糖、阿拉伯糖、鼠李糖、葡萄糖醛酸等，这些多糖成分均为良好的保湿成分。
如果单纯依靠补水，皮肤可能会越补越干，不妨考虑下桃之娇润的水合之力吧！

护肤笔记

有很多朋友觉得自己保湿产品用得挺多的，但皮肤还是觉得干。不同的干燥状况需要用的保湿产品类型不尽相同，看看你是不是也有以下情况，买的时候对号入座就可以了。

1. 对号入座选保湿产品

如果皮肤有鳞屑、干纹，想要立马缓解干燥，可以选择尿素、天然保湿因子、植物多糖、玻尿酸等。如果是本来皮肤不干燥，但是在空调房里待久了，皮肤变得很干，可以选择凡士林、植物多糖、玻尿酸。如果是皮肤比较敏感，经常觉得紧绷，可以选择神经酰胺类的成分。

立马缓解干燥	尿素、天然保湿因子、植物多糖、玻尿酸
提升皮肤长效保湿能力	凡士林、植物多糖、玻尿酸
皮肤敏感，提升皮肤长久持水力	神经酰胺

2. 经典保湿成分解读

（1）玻尿酸：玻尿酸最厉害的地方是它具有超强"吸水"能力，2%的玻尿酸可以吸收98%的水。同时还能让水分子牢牢地在它周围，对它"不离不弃"。

（2）天然保湿因子（NMF）：NMF是我们角质层中必不可少的成分之一，占到角质层细胞基质的10%，可以抓住皮肤中的水分子，减少皮肤水分蒸发。而且NMF分子量小，既能抓水还能凭借纤细的身材，快速渗透。

（3）银耳多糖：银耳多糖像一个超级海绵，可以承载自身重量500倍重的水。而且，由于银耳多糖分子量比较大，在皮肤表面可以形成一层保护膜，进一步防止水分蒸发。

手账

好 l 肤 l 知 l 时 l 节

将你当下的护肤小烦恼以及选用的护肤品记录下来吧，
变成你的专属美肤记录本。

好 l 肤 l 清 l 单

记下你最近了解到的护肤小技巧吧。

手 l 作 l 笔 l 记

把你手作遇到的问题记下来吧，
也可以去问康大美。

/ 大 暑 /

皮肤想静静的晒后修复面膜

  大暑处于"三伏"里的"中伏"前后，是我国一年中日照最多，气温最高的时期。这个节气也即将迎来暑假，大家经常会户外旅行，如果晒伤了，我们要知道如何让皮肤快速镇静。

晒后修复护理要点

　　一清：晒后出现脱皮，可以将已脱离的表皮用消过毒的小剪刀仔细剪除，千万不要撕拉脱落的皮肤，那样做会使尚未脱离的表皮过早脱离，对皮肤产生不必要的损害。

　　二静：清理后，用清水或具有舒缓镇静作用的护肤水冰敷，可即时缓解皮肤肿胀、发红、发热。

　　三润：可以选择麦冬、芦荟、石斛等具有舒缓保湿作用的面膜，及时给皮肤补充水分。

一、若清净颜面膜

工具

家用小型电子秤

　（精确到 0.1g）⋯⋯⋯⋯ 1 台

玻璃烧杯（50mL）⋯⋯⋯ 1 个

碗⋯⋯⋯⋯⋯⋯⋯⋯⋯⋯ 1 个

搅拌棒⋯⋯⋯⋯⋯⋯⋯⋯ 1 支

材料

芦荟粉⋯⋯⋯⋯⋯⋯⋯⋯ 0.1g

纯净水⋯⋯⋯⋯⋯⋯⋯⋯ 25g

75% 医用酒精喷雾⋯⋯⋯ 1 支

压缩面膜⋯⋯⋯⋯⋯⋯⋯ 若干

步骤

1　称取芦荟粉加入纯净水，充分搅拌使其溶解。

2　将压缩面膜置于步骤 1 的面膜液中，完全浸润。

用法

敷面 15min 后洗净，每次现用现配。

视频二维码

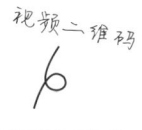

🌸 Tips

若清净颜面膜中含有芦荟粉，芦荟本身就有镇静舒缓以及保湿的功效。

晒后修复一定要做好，如果出现晒伤（皮肤脱皮、红肿、水泡）、变黑、发红，甚至出现头晕、忽冷忽热等状况，请立即就医。

二、洋甘玉液面膜

工具

电磁炉或电陶炉……………1 台

家用小型电子秤

　（精确到 0.1g）…………1 台

玻璃烧杯（500mL）………1 个

玻璃烧杯（50mL）…………1 个

碗…………………………1 个

纱布………………………1 个

搅拌棒……………………1 支

一次性滴管（1mL）………1 支

材料

绿茶………………………10g

洋甘菊……………………10g

己二醇………………………2g

戊二醇………………………4g

压缩面膜…………………若干

75% 医用酒精喷雾………1 支

视频二维码

💧 步骤

1　称取绿茶、洋甘菊，加入 200g 纯净水，加热 20min。

2　待冷却，用纱布过滤植物残渣，过滤液用纯净水补充溶液至 180g，备用。

3　加入己二醇、戊二醇，搅拌。

4　将面膜转入消毒后的容器，密封冷藏保存。

5　将压缩面膜置于步骤 4 的面膜液中，完全浸润。

💧 用法

敷面 15 分钟后洗净，每次现用现配。

🌸 Tips

洋甘玉液面膜中含有绿茶、洋甘菊，能够起到舒缓、消炎的作用。

晒后修复一定要做好，如果出现晒伤（皮肤脱皮、红肿、水泡）、变黑、发红，甚至出现头晕、忽冷忽热等状况，请立即就医。

护肤
笔记

化妆品成分表的小秘密

（1）大家比较熟悉的是：化妆品成分名称是按照在配方中的含量由大到小排列的，排位越靠前，说明这个成分在化妆品中的含量越高，一般基质类成分用量比较大，通常会排在成分表的前几位，如：水、乙醇、矿物油等。

（2）大家比较陌生的是：对于产品中含量小于1%的成分，可以任意排序。所以某些功效成分（比如透明质酸、烟酰胺等）在含量小于1%的成分中排名靠前，但不表示排的越靠前成分含量就越多哦。如果功效成分的添加量低于0.1%，那就要标注是"微量成分"。

这里要提醒看成分的各位朋友，如果功效成分微量添加，是没有办法达到想象中的效果的，所以除了看是否有这个成分之外，还要判断一下成分的添加量才更靠谱！

手账

好 | 肤 | 知 | 时 | 节

将你当下的护肤小烦恼以及选用的护肤品记录下来吧，
变成你的专属美肤记录本。

好 | 肤 | 清 | 单

记下你最近了解到的护肤小技巧吧。

手 | 作 | 笔 | 记

把你手作遇到的问题记下来吧，
也可以去问康大美。

Part 3

秋收

/ 立 秋 /

让你水油平衡的保湿喷雾

　　立秋是秋季的开始，俗话说"立秋不入秋，天凉白露后"意思是立秋后气温不会迅速下降，白天的气温甚至会超过头伏和二伏，只是夜晚与夏天相比会更加凉爽，所以昼夜温差逐渐明显。在这种天气忽冷忽热的情况下，皮肤状态也容易失衡。

维持水油平衡指导意见

我们说护肤要"因天之序",是因为皮肤状态随环境的变化而变化。立秋前后,昼夜温差大,皮肤状态也会像坐"过山车",最容易出现水油不平衡,这时候皮肤会陷入"干燥 – 出油过度 – 清洁控油 – 更加干燥"的恶性循环。那么如何维持水油平衡呢?下面是指导意见:

(1)油＞水:适度补水使皮肤有足够水分,同时不要频繁使用清洁能力过强的产品去除油脂,维护皮肤屏障的健康。

(2)水＞油:这种情况下,即使皮肤水分含量高,也会因为缺乏油脂而水分流失量大,导致皮肤干燥。此时应使用油脂类含量较高的面霜或乳液。

一、参秋玉露平衡喷雾

工具

电磁炉或电陶炉	1 台
家用小型电子秤	
（精确到 0.1g）	1 台
玻璃烧杯（500mL）	1 个
玻璃烧杯（50mL）	1 个
滤网勺	1 个
搅拌棒	1 支
实验温度计	1 支
一次性滴管	2 支
喷雾瓶（100mL）	1 个

材料

苦参	10g
黄豆	10g
甘油	16g
伊兰精油	5 滴
己二醇	2g
戊二醇	4g
75% 医用酒精喷雾	1 支

视频二维码

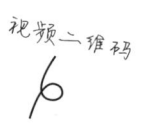

💧 **步骤**

1　称取苦参、黄豆，加入 200g 纯净水，加热 20min。
2　待冷却，用滤网勺过滤植物残渣，滤液备用。用纯净水补充溶液至 180g。
3　滤液加入甘油搅拌均匀。
4　加入己二醇、戊二醇，滴入伊兰精油，搅拌。
5　将喷雾转入消毒后的喷雾瓶中，密封保存。

💧 **用法**

可将保湿喷雾当成护肤水，洁面后，距离脸 15 ～ 20cm，直接将喷雾喷在脸上，按摩脸部，擦干残留的液体即可。

🌸 **Tips**

参秋玉露平衡喷雾中苦参可以抑制 5α - 还原酶的活性，黄豆富含小分子氨基酸，具有非常好的保湿功效，易被肌肤快速吸收。

二、金秋玉露平衡喷雾

工具

电磁炉或电陶炉‥‥‥‥1 台

家用小型电子秤

（精确到 0.1g）‥‥‥‥1 台

玻璃烧杯（500mL）‥‥‥1 个

玻璃烧杯（50mL）‥‥‥‥1 个

纱布‥‥‥‥‥‥‥‥‥1 张

搅拌棒‥‥‥‥‥‥‥‥1 支

实验温度计‥‥‥‥‥‥1 支

喷雾瓶（100mL）‥‥‥‥1 个

材料

红枣干‥‥‥‥‥‥‥‥10g

金盏花‥‥‥‥‥‥‥‥10g

甘油‥‥‥‥‥‥‥‥‥8g

茶树精油‥‥‥‥‥‥‥5 滴

己二醇‥‥‥‥‥‥‥‥2g

戊二醇‥‥‥‥‥‥‥‥4g

75% 医用酒精喷雾‥‥‥1 支

视频二维码

步骤

1 称取红枣干、金盏花，加入 200g 纯净水，加热 20min。

2 待冷却，用纱布过滤植物残渣，滤液备用。用纯净水补充溶液至 180g。

3 向滤液中加入甘油并搅拌均匀。

4 加入己二醇、戊二醇，滴入茶树精油，搅拌。

5 将喷雾转入消毒后的喷雾瓶，密封保存。

用法

可将保湿喷雾当成护肤水，洁面后，距离脸 15 ~ 20cm，直接将喷雾喷在脸上，按摩脸部，擦干残留的液体即可。

Tips

金秋玉露平衡喷雾中金盏花可以抑制 5α - 还原酶的活性，红枣富含小分子氨基酸，红枣多糖具有非常好的保湿功效。

护肤
笔记

　　第一要保护皮脂膜。使用呈弱酸性的洁面产品，从而保护皮脂膜的完整性，不让皮肤过度产生油脂。如何检测洁面产品的酸碱性，可参照本书"小满"中的 pH 测定指南。

　　第二要充分保湿。保湿产品选用方法可参照本书"小暑"中的保湿产品选用指南。与此同时，一周使用 2 ~ 3 次保湿面膜。

　　第三才是适度控油。可以使用一些含有壬二酸、维生素 B_6 等成分的产品。

手账

好 | 肤 | 知 | 时 | 节

将你当下的护肤小烦恼以及选用的护肤品记录下来吧，
变成你的专属美肤记录本。

好 | 肤 | 清 | 单

记下你最近了解到的护肤小技巧吧。

手 | 作 | 笔 | 记

把你手作遇到的问题记下来吧，
也可以去问康大美。

/ 处 暑 /

防蚊止痒，护全家

处暑的"处"指"终止"，处暑的意义是"夏天暑热正式终止"。处暑时节已经出伏，此后，中国长江以北地区气温逐渐下降。处暑以后，大部分地区雨季即将结束，降水逐渐减少。天气也会逐渐干燥。

虽然已经进入秋季，但是生活在农村，有时候可能会感觉到，秋天的蚊子似乎比夏天还要多，咬人还要狠。其实最适合蚊子生存的温度是 25 ～ 30℃之间，而且秋季尤其是初秋，是蚊子繁殖后代的一个集中时期，因此雌蚊子攻击性更强，咬人更猛，毒性也比夏季强得多。在这个节气，做一些驱蚊喷雾、止痒剂给自己和家人将备显呵护。

安然无"痒"要知道的三件事

1. 正规盘式蚊香或电蚊香液是安全的：大多数蚊香的主要成分都是菊酯类杀虫剂，是中国允许使用的低毒高效杀虫剂，其在蚊香中含量很低，燃烧挥发出的成分量更低，菊酯类成分对哺乳动物的伤害不大，主要是麻痹昆虫的神经系统，所以合理使用蚊香很安全。

2. 土方法不可取：大蒜止痒，酒精消毒，这些都不可取。

3. 无比滴不安全：无比滴是近几年日本出现的驱蚊神器，号称三秒止痒，貌似很神奇但并不安全。无比滴中的主要止痒成分为苯海拉明，为神经抑制剂，儿童使用会有系统毒性风险，所以到目前为止中国的皮肤科医生都不推荐小朋友用此成分止痒。在日本该成分也属于药品，需要在专业医生指导下使用，妈妈们可要注意了！

一、香桂清漾驱蚊喷雾

工具

家用小型电子秤

（精确到 0.1g）………1 台

玻璃烧杯（500mL）………1 个

玻璃烧杯（50mL）………1 个

碗………………………1 个

滤网勺…………………1 个

搅拌棒…………………1 支

玻璃罐头瓶……………1 个

喷雾瓶（50mL）………2 个

材料

丁香 ………………………5g

肉桂 ………………………5g

香茅 ………………………5g

尤加利精油 ………………4mL

95% 医用酒精喷雾……100g

💧 **步骤**

1　称取丁香、肉桂、香茅，放入玻璃罐头瓶密封保存，加入 95% 医用酒精浸没。

2　将罐子置于常温避光阴凉处密封保存，浸泡 5 天，每日拿出罐子摇晃几下。

3　5 天后，过滤掉植物残渣，留下澄清浸泡液。

4　滴入 4mL 尤加利精油。

5　将喷雾转存至消毒后的喷雾瓶，密封保存。

💧 **用法**

喷在衣物上及四周，请勿直接喷于皮肤。

视频二维码

🌸 Tips

香桂清漾驱蚊喷雾中丁香、肉桂、香茅、尤加利具有驱蚊作用，同时能够抑制金色葡萄球菌、枯草芽孢杆菌、大肠杆菌，避免叮咬后由细菌引起肌肤炎症。

二、紫萱藤茶止痒油

工具

电磁炉或电陶炉 ········· 1 台

家用小型电子秤

　（精确到 0.1g） ········· 1 台

玻璃烧杯（500mL） ········· 1 个

玻璃烧杯（50mL） ········· 1 个

滤网勺 ········· 1 个

搅拌棒 ········· 1 支

滚珠瓶 ········· 1 个

喷雾瓶（50mL） ········· 2 个

材料

香薷 ·········5g

藤茶 ·········5g

紫苏 ·········5g

GTCC（辛酸 / 癸酸甘油三酯）

·········100g

维生素 E 胶囊 ·········2 粒

75% 医用酒精喷雾 ·········1 支

视频二维码

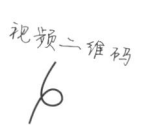

步骤

1 称取香薷、藤茶、紫苏，加入辛酸 / 癸酸甘油三酯，让材料完全浸润在油中，沸水隔水加热 20min。
2 待冷却后，过滤植物残渣，留下过滤油。
3 过滤油加入维生素 E，搅拌均匀。
4 将止痒油转存至滚珠瓶，密封保存。

用法

蚊虫叮咬后，涂抹于叮咬处。

Tips

紫萱藤茶止痒油中香薷、藤茶能够抑制金色葡萄球菌、枯草芽孢杆菌、大肠杆菌。同时，香薷具有增强免疫功能、消炎、镇痛的功效。藤茶、紫苏能减缓叮咬后过敏介质的释放，缓解蚊虫叮咬后的瘙痒感和红肿。

护肤
笔记

驱蚊产品选用指南

1. 公认的安全有效驱蚊成分：避蚊胺、派卡瑞丁、驱蚊酯（IR3535）、孟二醇（柠檬桉叶油）。孟二醇也是唯一植物来源的驱避剂。可选用相应的驱蚊喷雾或花露水，效果比驱蚊手环要好。

2. 有驱蚊效果的植物：柠檬桉、薄荷、香茅、迷迭香、薰衣草、青蒿。家中可以放置一些相应的植物香包来驱蚊。

手账

好 I 肤 I 知 I 时 I 节

将你当下的护肤小烦恼以及选用的护肤品记录下来吧，
变成你的专属美肤记录本。

好 I 肤 I 清 I 单

记下你最近了解到的护肤小技巧吧。

手 I 作 I 笔 I 记

把你手作遇到的问题记下来吧，
也可以去问康大美。

/ 白 露 /

面若桃花的美白精华液

　　"蒹葭苍苍，白露为霜"，露水是由于温度降低，水汽在地面或近地物体上凝结而成的水珠。白露节气基本结束了暑天的闷热，是我国大部分地区秋季到来的重要标志。白露之时，天气逐渐转凉，经过一个夏天的暴晒，此时正是美白的好时机。

"人面桃花相映红"须知

即便在审美多元化的现代，"肤若凝脂面若桃花"可能还是大部分女孩的追求。想要"人面桃花相映红"，需要做三件事："打黑""扫黄""倡红"。"打黑"是抑制黑色素，"扫黄"是清除皮肤棕黄色废物，"倡红"是促进氧合血红蛋白流通。

"打黑"：可以通过防晒，多吃含有维生素 C 的水果蔬菜或合理补充维生素 C 含片，选择含有维生素 C、烟酰胺、抗炎类安全美白成分的护肤品来实现。不过美白不能过度哦，过度杀死黑色素可能会造成皮肤"白斑病"。

"扫黄"：可以通过少吃甜食、使用添加抗氧化成分的护肤品实现。糖化是还原性糖与蛋白质反应，生成棕黄色垃圾的过程，这些黄色垃圾产生以后很难被降解。所以摄入过多的糖造成的肥胖可以减下去，但造成的皮肤发黄是很难逆转的。

"倡红"：多运动、适当按摩、选择一些具有活血化瘀作用的护肤品。以上都是为了促进微循环。皮肤微循环加快，单位时间内通过皮肤血管的红色氧合血红蛋白就会增加，从而增加皮肤的"红色素"含量。当然，加速微循环，还可将细胞的代谢产物和有害物质超氧阴离子等及时清除。

一、赤参祛黄精华

视频二维码

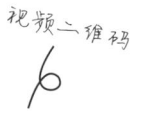

◊ 步骤

1 称取甘草、赤芍、人参，加入 200g 纯净水，加热 20min。

2 待冷却，用纱布过滤掉植物残渣，滤液备用。用纯净水补充溶液至 180g。

3 按顺序称取甘油，加入汉生胶，搅拌，使汉生胶均匀分散在甘油中，备用。

（注意：甘油与汉生胶加入顺序不能颠倒，否则无法均匀分散。）

4 在步骤 2 的滤液中加入步骤 3 的增稠剂。加热的同时不停搅拌，直至汉生胶全部溶解，溶液变黏稠。

5 加入己二醇、戊二醇，搅拌。

6 将精华转入消毒后的容器，密封保存。

◊ 用法

在化妆水之后，取 3 ~ 5 滴精华液在手掌中，轻轻揉搓后将精华液轻柔涂抹在脸上即可。

🌸 Tips

赤参祛黄精华是通过抗氧化和改善微循环达到祛黄提亮功效的。

二、桃红悦妍精华

工具

电磁炉或电陶炉⋯⋯⋯ 1 台

家用小型电子秤 1 台

　（精确到 0.1g）⋯⋯ 1 台

玻璃烧杯（500mL）⋯ 1 个

玻璃烧杯（50mL）⋯⋯ 1 个

碗⋯⋯⋯⋯⋯⋯⋯⋯⋯ 1 个

滤网勺⋯⋯⋯⋯⋯⋯⋯ 1 个

搅拌棒⋯⋯⋯⋯⋯⋯⋯ 1 支

实验温度计⋯⋯⋯⋯⋯ 1 支

茶色精华瓶⋯⋯⋯⋯⋯ 4 个

材料

石斛鲜条⋯⋯⋯⋯⋯⋯ 4g

甘草⋯⋯⋯⋯⋯⋯⋯⋯ 4g

当归⋯⋯⋯⋯⋯⋯⋯⋯ 4g

桃仁⋯⋯⋯⋯⋯⋯⋯⋯ 4g

枸杞子⋯⋯⋯⋯⋯⋯⋯ 4g

汉生胶（黄原胶）⋯⋯ 0.4g

甘油⋯⋯⋯⋯⋯⋯⋯⋯ 16g

己二醇⋯⋯⋯⋯⋯⋯⋯ 2g

戊二醇⋯⋯⋯⋯⋯⋯⋯ 4g

75% 医用酒精喷雾⋯⋯ 1 支

用法

在化妆水之后，取 3 ~
5 滴精华液在手掌中，
轻轻揉搓后将精华液
轻柔涂抹在脸上即可。

步骤

1　称取甘草、当归、枸杞子、石斛鲜条、桃仁，加入 200g 纯净水，加热 20min。

2　待冷却，用滤网勺过滤掉植物残渣，滤液备用。用纯净水补充溶液至 180g。

3　按顺序称取甘油，加入汉生胶，搅拌，使汉生胶均匀分散在甘油中，备用。

　（注意：甘油与汉生胶加入顺序不能颠倒，否则无法均匀分散。）

4　在步骤 2 的滤液中加入步骤 3 的增稠剂。加热的同时不停搅拌，直至汉生胶全部溶解，溶液变黏稠。

5　加入己二醇、戊二醇，搅拌。

6　将精华转入消毒后的容器，密封保存。

Tips

> 桃红悦妍精华主要是通过活血化瘀，改善肌肤瘀滞状态，实现肌肤通透、红润，同时也具有抗炎抗氧化作用。

视频二维码

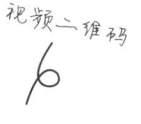

护肤笔记

美白产品硬核打假

祛斑美白类化妆品在中国作为特殊化妆品管理，经国家药监局审批通过才能上市。所以如果某个产品宣称美白，那一定得有"特证"，否则就会违法。这类产品的批准文号格式（看包装背面）是：国产产品为"国妆特字 G2021XXXX"，进口产品为"国妆特进字 J2021XXXX"。

如果想要了解自己购买的美白产品是否合法，可下载"化妆品监管"App，输入商品名称，查询并核对产品的注册备案信息与产品标识的信息是否一致，如不一致则产品来源、质量可疑，请勿使用。

美白产品使用指南

1. 凡宣称速效美白或使用后立竿见影地产生祛斑美白效果的化妆品，涉嫌非法添加激素、重金属等禁用物质，需引起高度警惕。

2. 美白产品使用要特别注意看产品建议的使用方式、用量和频次。一些祛斑美白类化妆品含有一定的促进去角质成分（如水杨酸、果酸等），这些成分可以加快角质细胞脱落，使肌肤看上去更水嫩有光泽，但使用过量也会损伤皮肤屏障。

手账

好 | 肤 | 知 | 时 | 节

将你当下的护肤小烦恼以及选用的护肤品记录下来吧，
变成你的专属美肤记录本。

好 | 肤 | 清 | 单

记下你最近了解到的护肤小技巧吧。

手 | 作 | 笔 | 记

把你手作遇到的问题记下来吧，
也可以去问康大美。

/ 秋 分 /

24 小时呵护的保湿霜

　　秋分节气，正好是秋季过了一半时间，类似春分。按《春秋繁露·阴阳出入上下篇》说法："秋分者，阴阳相伴也，故昼夜均而寒暑平。"有两重意思：一是秋分节气，正好是秋季过了一半时间；二是此时一天 24 小时昼夜均分，自此以后开始昼短夜长，也到了"一场秋雨一场寒"的时候。秋季气候干燥，最容易耗伤津液，皮肤也一样，需要滋阴润燥。

秋季保湿要点

有的人一到秋天皮肤就"起皮"，记住秋季保湿的两个要点：

1. 让皮肤抓住水。可以选用含有透明质酸、植物多糖、天然保湿因子等成分的保湿霜，能够结合皮肤中的游离水，减少皮肤水分的蒸发。

2. 让皮肤封住水，减少水分散失。可以选用含有凡士林、甘油三酯等成分的保湿霜，能够在皮肤表面形成一层保护膜，防止水分蒸发。

一、红杞兰韵保湿面霜

工具

家用小型电子秤
　（精确到0.1g）………1台
烧杯（150mL）…………2个
滤网勺……………………1个
搅拌棒……………………1支
一次性滴管（5mL）…若干支
面霜瓶（50g）…………1个

材料

石斛鲜条…………………4g
枸杞………………………3g
甘油………………………5g
甜杏仁油…………………15g
维生素E胶囊……………2个
法国305乳化剂…………3g
己二醇……………………1g
戊二醇……………………2g
75%医用酒精喷雾………1支

💧 **步骤**

1. 称取石斛、枸杞，加入100g纯净水，加热20min。
2. 待冷却，用滤网勺过滤植物残渣，滤液备用。用纯净水补充溶液至75g。
3. 在步骤2的滤液中加入甜杏仁油、甘油、维生素E，搅拌至油成小颗粒分散于滤液中。
4. 向步骤3的混合液中加入法国305乳化剂，顺时针或逆时针手动搅拌3min，至膏体细腻有光泽。
5. 加入己二醇、戊二醇，搅拌。
6. 按需加入几滴喜爱的精油，搅拌均匀。
7. 将面霜转存在消毒后的面霜瓶中，密封保存。

💧 **用法**

用挖勺取适量面霜在手中，双手合十揉搓，轻轻按压涂抹在脸上，然后进行按摩，帮助面霜吸收。

🌸 **Tips**

红杞兰韵保湿面霜中的石斛可从肌肤深层抓水，芦荟、枸杞含有丰富的植物多糖从外抓水，同时阻止水分的散失。

视频二维码

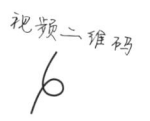

二、薏仁保湿面霜

工具

电磁炉或电陶炉 ··········· 1 台
家用小型电子秤
　（精确到 0.1g）········· 1 台
加热锅 ·················· 1 口
烧杯（150mL）··········· 2 个
滤网勺 ·················· 1 个
搅拌棒 ·················· 1 支
一次性滴管（5mL）····· 若干支
面霜瓶（50g）··········· 1 个

材料

薏苡仁 ··················· 5g
芦荟粉 ·················· 0.1g
甘油 ···················· 5g
甜杏仁油 ················ 15g
维生素 E 胶囊 ············· 2 个

法国 305 乳化剂 ·········· 3g
己二醇 ··················· 1g
戊二醇 ··················· 2g
75% 医用酒精喷雾 ········· 1 支

💧 步骤

1　称取薏苡仁，加入 100g 纯净水，加热 20min。
2　待冷却，用滤网勺过滤植物残渣，滤液备用。
　　用纯净水补充溶液至 75g。
3　滤液中加入甜杏仁油、甘油、维生素 E、芦荟粉，
　　搅拌至油成小颗粒分散于滤液中。
4　向步骤 3 的混合液中加入法国 305 乳化剂，顺时
　　针或逆时针手动搅拌 3min，至膏体细腻有光泽。
5　加入己二醇、戊二醇，搅拌。
6　按需加入几滴喜爱的精油，搅拌均匀。
7　将面霜转存至消毒后的容器中，密封保存。

💧 用法

用挖勺取适量面霜在手中，双手合十揉搓，轻轻按压涂抹在脸上，然后进行按摩，帮助面霜吸收。

视频二维码

🌸 Tips

薏仁保湿面霜中的薏苡仁也可从肌肤深层抓水，同时薏苡仁多糖在皮肤表皮形成大分子的多糖网状结构，从外抓水的同时阻止皮肤内部的水分散失。

护肤
笔记

甘油不是万能的，没有甘油却是万万不能的

　　一到秋冬，家里人经常用甘油来护肤，甘油是一种很好的保湿剂，它可以从空气中吸收水分，来起到保湿的作用。但直接作用在皮肤上，也可能会让皮肤的水分被吸走。所以才会有刚涂上甘油感觉很滋润，但过一会儿就不行了的感觉。不过在护肤霜里添加一些甘油成分，会让保湿效果加倍。日常可以选择含有甘油的护肤霜，效果比用纯甘油要好得多。

手账

好 | 肤 | 知 | 时 | 节

将你当下的护肤小烦恼以及选用的护肤品记录下来吧，
变成你的专属美肤记录本。

好 | 肤 | 清 | 单

记下你最近了解到的护肤小技巧吧。

手 | 作 | 笔 | 记

把你手作遇到的问题记下来吧，
也可以去问康大美。

寒露

你和他都需要的保湿水

《月令七十二候集解》说："九月节，露气寒冷，将凝结也。"寒露的意思是气温比白露时更低，地面的露水更冷，快要凝结成霜了。白露、寒露、霜降三个节气，都表示水蒸气凝结现象，而寒露是气候从凉爽到寒冷过渡的时节。

深秋时节，从中医角度讲燥邪之气易侵犯人体而耗伤津液，血热燥结，会导致皮肤干燥。在秋季，保湿做得好，护肤就能事半功倍。

适合你的保湿是哪种?

不同类型的保湿剂有不同的保湿效果，搭配使用效果更好。

保湿剂类型	保湿剂作用	可选择的成分	应用场景 / 人群
封闭保湿	形成保护膜，防止水分蒸发	石斛多糖、银耳多糖、凡士林	秋冬大风干燥天气
吸湿保湿	吸收空气中的水分，提升皮肤表面的水含量	甘油、尿素	南方湿热天气 （注意当空气十分干燥尤其是北方冬天不要用该保湿成分，不但不能吸收空气中的水分，还会抓取你皮肤中的水分）
水合保湿	结合皮肤中的游离水，减少皮肤水分的蒸发	石斛多糖、银耳多糖、玻尿酸、天然保湿因子	空调房、暖气房
修复保湿	提升皮肤屏障的健康度，提高皮肤的持水性	神经酰胺、胆固醇酯	敏感性皮肤

一、芦荟润颜保湿水

工具

电磁炉或电陶炉 ·············· 1 台

家用小型电子秤 1 台

　（精确到 0.1g）·············· 1 台

加热锅 ······························ 1 口

玻璃烧杯（150mL）·········· 1 个

滤网勺 ······························ 1 个

搅拌棒 ······························ 1 支

实验温度计 ······················ 1 支

一次性滴管 ···················· 若干支

压嘴瓶（100mL）············ 2 个

材料

芦荟粉 ···························· 0.1g

皂角米 ······························ 10g

甘油 ·································· 8g

己二醇 ······························ 1g

戊二醇 ······························ 2g

75% 医用酒精喷雾 ·········· 1 支

视频二维码

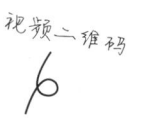

💧 步骤

1　称取皂角米，加入 100g 纯净水，加热 20min。
2　待冷却，用滤网勺过滤植物残渣，滤液备用。用纯净水补充溶液至 90g。
3　向步骤 2 滤液中加入芦荟粉、甘油，充分搅拌溶解。
4　加入己二醇、戊二醇，搅拌。
5　将保湿水转入消毒后的容器，密封保存。

💧 用法

洁面后，取 2 泵保湿水在掌心，涂抹至脸部，轻轻拍打，让保湿水更好吸收。

🌸 Tips

芦荟润颜保湿水的芦荟粉中含有大量不同分子量的芦荟多糖，具有非常好的补水保湿效果。

二、仙草滢润保湿水

工具

加热锅 …………………… 1 口

电磁炉或电陶炉 ……… 1 台

家用小型电子秤

（精确到 0.1g）…… 1 台

玻璃烧杯（500mL）…… 1 个

玻璃烧杯（50mL）……… 1 个

滤网勺 …………………… 1 个

搅拌棒 …………………… 1 支

实验温度计 ……………… 1 支

压嘴瓶（100mL）……… 2 个

材料

石斛鲜条 ………………… 10g

甘油 ……………………… 8g

己二醇 …………………… 1g

戊二醇 …………………… 2g

75% 医用酒精喷雾 ……… 1 支

视频二维码

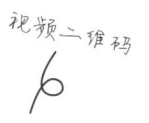

步骤

1　称取石斛鲜条，加入 200g 纯净水，加热 20min。
2　待冷却，用滤网勺过滤植物残渣，滤液备用。
　　用纯净水补充溶液至 90g。
3　滤液中加入甘油，充分搅拌使其溶解。
4　加入己二醇、戊二醇，搅拌。
5　将保湿水转入消毒后的容器，密封保存。

用法

洁面后，取 2 泵保湿水在掌心，涂抹至脸部，轻轻
拍打，让保湿水更好吸收。

Tips

仙草滢润保湿水中的石斛能够促进皮肤深层水分源源
不断转运到表皮，同时大分子多糖阻止水分散失，保
湿效果优良！

护肤笔记

护肤水选用指南

1. 酒精在化妆水中是一种常用且效果极佳的溶解剂，能够溶解一些不溶于水和油的活性成分，而且酒精还有稳定植物活性成分和杀菌的作用，阻止化妆水中出现细菌繁殖和成分腐败。油性肌肤可以选择含酒精的化妆水，痘肌和敏感肌不宜使用。

2. 一些宣称具有二次清洁效果的护肤水，里面大多会添加果酸等去角质成分，油性皮肤和混合性皮肤可以选用，痘肌和敏感肌不宜使用。

3. 护肤水最突出的功效就是保湿和控油，美白和抗衰老很难通过护肤水实现。朋友们如果想要抗衰老和美白，可以给护肤水的预算少一些。

采

手 | 作 | 素 | 材 | 12

或者手作者制的回题记下来吧，
也可以系问候关天。

好 | 晒 | 晴 | 南

把玉米晒成了棚剩的柄标很小样吗吧。

打 | 晒 | 和 | 脱 | 书

让你采干的玉米脱小颗粒以及各用的东西出很容易不吗，
是这你的专属关系记录本。

/ 霜 降 /

天干不燥的果泥面膜

  霜降是秋季最后一个节气，古籍《二十四节气解》中说："气肃而霜降，阴始凝也。"可见"霜降"表示天气逐渐变冷，开始降霜。为了抵抗即将到来的寒冷，要给肌肤补充一些滋养成分才能更好地抵抗冬季的严寒。

护肤基本盘

女生都想有好皮肤，也经常在网络平台被种草各种护肤品，在变美路上只有更贵没有终点，那想要拥有好皮肤，怎样才是对的呢？

1. 坚持长期主义。生活作息、饮食对皮肤的影响很大，长时间熬夜晚睡会让皮肤敏感度增加、干燥程度加剧、肤色暗沉，坚持长期主义的良好习惯，比任何大牌护肤品都有效。

2. 美肤基本盘：清洁、保湿、防晒。这三步看起来简单，往往最容易被忽略。很多女生会关注自己最近长皱纹了、多了一个小斑点，所以着重抗皱、祛斑，反而忽略这些重要的"小事"。其实局部的问题对整体皮肤状态的影响较小，护肤也可以抓大放小，这样也会事半功倍。

3. 情绪稳定、舒畅。情绪会通过影响皮肤的神经 - 免疫 - 内分泌系统对皮肤造成一系列的负面影响，无形却有痕，"心态是对抗时间的最好利器"这句话是有科学道理的。

一、鲜蜜酪梨果泥面膜

工具

家用小型电子秤

（精确到0.1g）……………1台

碗……………………………1个

计量勺…………………………1支

研磨工具………………………1套

材料

蜂蜜……………………………6g

牛油果（熟）…2个（200g）

💧步骤

1　取牛油果去皮去核，切块，粉碎成泥状。
2　在牛油果泥中加入蜂蜜，充分混合均匀。

💧用法

涂面，每次现用现配。

视频二维码

🌸 Tips

鲜蜜酪梨果泥面膜中的蜂蜜含有类天然保湿因子，促进肌肤水合，牛油果含有大量的不饱和脂肪酸，丰富的甘油酸、蛋白质及维生素，润而不腻。

二、白玉嫩嫩蜂蜜面膜

工具

家用小型电子秤1台

（精确到0.1g）·············1台

碗·····························1个

计量勺·······················1支

研磨工具·····················1套

材料

蜂蜜·······························6g

白玉豆腐·········1块（100g）

💧 **步骤**

1 取白玉豆腐，粉碎成泥状。

2 在豆腐泥中加入蜂蜜，充分混合均匀。

💧 **用法**

涂面，每次现用现配。

视频二维码

🌸 Tips

白玉嫩嫩蜂蜜面膜中的豆腐具有滋养与美白作用，经常使用，可提亮皮肤的光泽。

护肤笔记

面膜 DIY 禁忌

1. 有些水果不能直接敷面。例如：柠檬、草莓、菠萝含酸性成分，可能会给敏感肌肤造成负担；柑橘、芒果、芹菜、菠菜则含有光敏性物质，敷完后如果遇到阳光，容易引发日光性皮炎。

2. 有些水果中含有对皮肤不友好的成分。例如新鲜山药黏液富含植物碱，直接敷脸会致皮肤过敏；新鲜芦荟也有可能导致过敏。

DIY 面膜使用指南

如果想做果蔬面膜，一是先在手臂内侧测试一下，看是否有过敏反应；二是可将果蔬汁与适量奶油、蜂蜜混合，增加滋润度和延展性；三是最好晚上做，可以避免发生光敏反应；四是面膜即做即敷，在脸上停留时间最多不超过 20 分钟。

采

好 | 味 | 知 | 时 | 节

状你不干的杭菊小瓣状以及通用的杭菊摆放在桌上晒吧,
等成你的专属美味记录本。

好 | 味 | 清 | 爽

记下你喜欢吃了糖渍的梅和梅小梅巧吧。

手 | 作 | 美 | 记

把你手住那喜欢的腌记下来吧,
也可以和朋友关系。

Part 4
·

冬藏

／ 立 冬 ／

冬天要轻柔的洁面皂

　　《月令七十二候集解》说：
"立，建始也，冬，终也，万物收
藏也。"立冬不仅仅代表冬天来临，
同时也表示冬季开始，万物收藏，
规避寒冷。天气已经转凉，但皮肤
还无法适应寒冷的天气，需要小心
呵护。

立冬前后，我国大部分地区降水显著减少，空气一般渐趋干燥。在这个季节，水分和油脂分泌量都会减少，皮肤非常脆弱。冬季护肤更需要注意，首先就要从清洁开始。

合理清洁要点

1. **控水温**：冬天洗脸的水温控制在 32℃左右为宜，大概就是手摸进去会稍稍偏凉的温度。

2. **少摩擦**：与夏天相比要降低去角质的次数，面部深层清洁频率控制在每月一次为宜。

3. **清水洗**：对于干性皮肤、敏感性皮肤，可以减少使用洁面产品洁面的次数，每天晚上用温和洁面产品进行清洁，早上起床用清水洁面即可。

一、玉竹幽颜洁面皂

工具

电磁炉或电陶炉 ………… 1 台

加热锅 ………………… 1 口

家用小型电子秤

（精确到 0.1g）………… 1 台

玻璃烧杯（250mL）……… 2 个

滤网勺 ………………… 1 个

实验温度计 …………… 1 支

香皂模具

（各种形状）………… 若干个

材料

植物皂基 …………… 125g

麦冬 ………………… 5g

玉竹 ………………… 5g

蜂蜜 ………………… 3g

维生素 E 胶囊 ………… 2 个

氨基酸起泡剂 ………… 5mL

视频二维码

💧 **步骤**

1 称取麦冬、玉竹，加入 100g 纯净水，加热 20min。

2 待冷却，用滤网勺过滤掉植物残渣，滤液备用。

3 称取植物皂基加热至完全融化。

4 趁热加入氨基酸起泡剂、蜂蜜、维生素 E 和 20g 滤液，搅拌均匀。

5 撇去表面泡沫，趁热倒入模具。

6 放入冰箱冷藏至凝固，脱模。

💧 **用法**

润湿面部，将洁面皂在手中揉搓几下或用起泡网摩擦出泡沫后，按摩脸部 2min，用清水洗去。

🌸 **Tips**

玉竹幽颜洁面皂中的麦冬、玉竹、蜂蜜富含植物多糖和天然保湿因子，维生素 E 胶囊则能起到延缓皮肤衰老的作用。

二、栗蜜和颜洁面皂

工具

电磁炉或电陶炉	1 台
加热锅	1 口
家用小型电子秤	
（精确到 0.1g）	1 台
玻璃烧杯（250mL）	2 个
滤网勺	1 个
实验温度计	1 支
香皂模具	
（各种形状）	若干个

材料

植物皂基	125g
石斛鲜条	4g
茯苓	3g
皂角米	3g
蜂蜜	3g
维生素 E 胶囊	2 个
氨基酸起泡剂	5mL

视频二维码

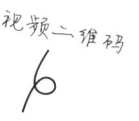

💧 步骤

1 称取茯苓、皂角米，提前 3h 泡发。

2 在石斛鲜条、茯苓，皂角米中加入 100g 纯净水，沸水隔水加热 20min。

3 待冷却，用滤网勺过滤掉植物残渣，滤液备用。

4 称取植物皂基加热至完全融化。

5 趁热加入氨基酸起泡剂、蜂蜜、维生素 E 和 20g 滤液，搅拌均匀。

6 趁热倒入模具，撇去表面泡沫。

7 放入冰箱冷藏至凝固，脱模。

💧 用法

润湿面部，将洁面皂在手中揉搓几下或用起泡网摩擦出泡沫后，按摩脸部 2min，用清水洗去。

🌀 Tips

栗蜜和颜洁面皂中的石斛、茯苓、皂角米富含多糖结构，具有强保湿力。

笔记护肤

清洁产品选用指南

不同类型的皮肤选洁面产品，主要看其中的表面活性剂，不过目前洁面产品不会只用一种类型的表面活性剂，成分表中排名前三的表面活性剂决定其清洁能力。

油性皮肤	皂基类、氨基酸表面活性剂
干性皮肤	SLS/SLES 类表面活性剂、氨基酸表面活性剂、烷基葡糖苷类表面活性剂
敏感性皮肤	氨基酸表面活性剂、烷基葡糖苷类表面活性剂

洁面产品表面活性剂判别指南

可能大家经常听到皂基洁面、氨基酸洁面这样的概念，其实说的都是产品中的表面活性剂类型，教大家自己判断洁面到底用的是哪一种表面活性剂，就可以挑选适合自己的洁面产品啦。

1. 皂基型表面活性剂都是"脂肪酸＋碱剂"，如硬脂酸钠。

2. 氨基酸表面活性剂都是"某种酰基＋某种氨基酸＋金属离子"，如椰油酰谷氨酸钠。

3. 烷基葡糖苷类表面活性剂都是"XX 葡糖苷"，如椰油基葡糖苷。

4. SLS/SLES 类表面活性剂都有"硫酸酯"，如月桂醇硫酸酯镁。

手账

好 l 肤 l 知 l 时 l 节

将你当下的护肤小烦恼以及选用的护肤品记录下来吧，
变成你的专属美肤记录本。

好 l 肤 l 清 l 单

记下你最近了解到的护肤小技巧吧。

手 l 作 l 笔 l 记

把你手作遇到的问题记下来吧，
也可以去问康大美。

/ 小 雪 /

暖洋洋的面膜

　　"小雪"的到来，意味着冬天降雪的大幕开启。小雪可不是要下小雪的意思哦，而是说在小雪时节，温度将到达可以下雪的程度。进入该节气，中国北方地区大风盛行，温度降至0℃以下。

寒冷的天气下，为了避免皮肤受伤，要懂得活血温养。《黄帝内经》提到"血不流则髦毛不泽，故其面黑如漆柴者。"意思是气血不和，面部皮肤就缺少濡养，肤色就会黯淡无光。大家经常觉得冬天"灰头土脸"，可不只是因为风大哦。

"白里透红"的诀窍

"白里透红"是很多女生追求的理想皮肤状态，"白里透红"是皮肤的整体表现，想要实现有三个诀窍分享给大家。

1. 美白三部曲要知道。详见"白露"节气护肤知识。

2. 护肤基本盘要稳固。详见"霜降"节气护肤知识。

3. 日常抗氧化要重视。可选用含维生素 E、维生素 C、超氧化物歧化酶、谷胱甘肽的护肤品，能够阻断自由基的链式反应。

"早 C 晚 A"知多少

现在特别流行"早 C 晚 A"护肤法，"早 C 晚 A"是什么？有什么功效？应该注意什么？这里给大家做一解答。

1. "早 C 晚 A"释义：白天用维生素 C，晚上用维 A 醇（视黄醇）。

2. "早 C 晚 A"功效：维生素 C 能够阻断自由基链式反应从而抗氧化；维 A 醇能够刺激胶原蛋白和黏多糖的生成从而抗老化。

3. "早 C 晚 A"注意事项：

① 使用期间要做好防晒工作。

② 维 A 醇要从低浓度产品开始试用，如果最低浓度的维 A 醇用起来都脱皮，而且搭配保湿产品也无法缓解，那就要停用了。

③ 维 A 醇与维生素 C 最好不要一起使用。

④ "早 C 晚 A"的搭配对皮肤刺激较大，建议不要长期连续使用，尤其是可以减少维 A 醇的使用频率。

一、宜人悦颜面膜

工具

电磁炉或电陶炉 ············ 1 台

加热锅 ························ 1 口

家用小型电子秤

（精确到 0.1g） ··········· 1 台

玻璃烧杯（500mL）········ 1 个

玻璃烧杯（50mL）········· 1 个

滤网勺 ························ 1 个

搅拌棒 ························ 1 支

压嘴瓶 ························ 1 个

一次性滴管

（1mL）···············若干支

材料

赤芍 ·························· 8g

甘草 ·························· 8g

甘油 ·························· 20g

己二醇 ······················ 2g

戊二醇 ······················ 4g

压缩面膜 ···················· 若干

75% 医用酒精喷雾 ········· 1 支

💧步骤

1 称取赤芍、甘草，加入 200g 纯净水，加热 20min。

2 待冷却，用滤网勺过滤，滤液备用。用纯净水补充溶液至 180g。

3 加入甘油、己二醇、戊二醇，搅拌。

4 将面膜转入消毒后的容器，密封冷藏保存。

5 将压缩面膜置于步骤 4 的面膜液中，完全浸润。

💧用法

做完日常的护肤工作之后，取一元硬币大小的睡眠面膜，均匀厚涂于面部，必须待脸上的啫喱状面膜干燥之后，方可入睡。

视频二维码

🌸Tips

宜人悦颜面膜中的赤芍在中医上具有活血的功效，甘草中的黄酮类物质则可以通过抑制皮肤中的黑色素美白。

二、白里透红面膜

工具

电磁炉或电陶炉 ·········· 1 台

加热锅 ······················· 1 口

家用小型电子秤 1 台

（精确到 0.1g） ············· 1 台

玻璃烧杯（500mL） ······ 1 个

玻璃烧杯（50mL） ······· 1 个

碗 ····························· 1 个

滤网勺 ························ 1 个

搅拌棒 ······················ 1 支

压嘴瓶 ······················ 1 个

一次性滴管

（1mL） ···················· 若干支

材料

桃花 ·························· 8g

赤芍 ·························· 8g

甘油 ·························· 10g

己二醇 ······················ 2g

戊二醇 ······················ 4g

压缩面膜 ···················· 若干

75% 医用酒精喷雾 ······· 1 支

💧步骤

1 称取桃花、赤芍，加入 200g 纯净水，加热 20min。

2 待冷却，过滤掉植物残渣，备用。用纯净水补充溶液至 180g。

3 加入甘油、己二醇、戊二醇，搅拌。

4 将面膜液转入消毒后的容器，密封冷藏保存。

5 将压缩面膜置于步骤 4 的面膜液中，完全浸润。

💧用法

做完日常的护肤工作之后，取一元硬币大小的睡眠面膜，均匀厚涂于面部，必须待脸上的啫喱状面膜干燥之后，方可入睡。

视频二维码

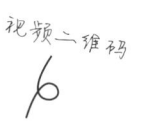

🌸 Tips

白里透红面膜中的赤芍、桃花在中医上具有活血的功效，可以改善肌肤气血，使皮肤白里透红。

护肤笔记

"一键美颜"

除了使用一些护肤品，我们还可以通过穴位按摩，来达到轻松美颜的目的。三阴交穴是我们天生的美颜穴，足内踝上 3 寸。每天按揉两腿各 15 分钟，面部气色、痘痘、色斑、皱纹都会有改善。坚持按揉一个月，就能看到效果。

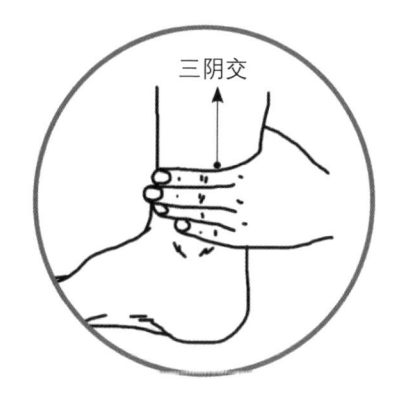

"一键补气"

气虚体质的人可以用艾灸"气海穴"。气海穴，顾名思义就是"气的海洋"用艾灸这个穴位，可以很好地培补元气。肚脐中央向下两横指就是气海穴了。注意艾灸要掌握火候，温而不烫，每次灸 10 分钟，隔日一次或每周灸两次即可。

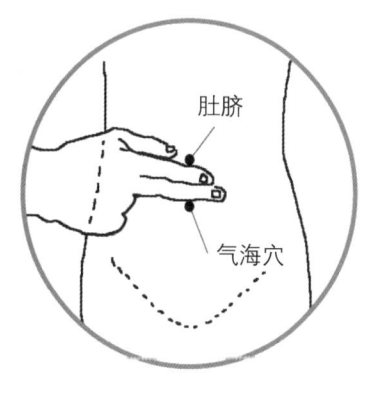

手账

好 | 肤 | 知 | 时 | 节

将你当下的护肤小烦恼以及选用的护肤品记录下来吧，
变成你的专属美肤记录本。

好 | 肤 | 清 | 单

记下你最近了解到的护肤小技巧吧。

手 | 作 | 笔 | 记

把你手作遇到的问题记下来吧，
也可以去问康大美。

/ 大 雪 /

补益保湿的身体乳

　　大雪，顾名思义，雪量大。到了这个时段，雪往往下得大、范围广，故名大雪。

　　进入大雪，温度逐渐降低，汗腺、皮脂腺分泌会明显减少，再加上室内暖气温度较高，皮肤干燥程度会逐步加剧，甚至会出现鱼鳞状鳞屑并伴有皮肤瘙痒，这种情况在老年人身上会更加普遍，皮肤的干燥瘙痒程度会随着年龄而增加。

抵抗皮肤瘙痒关键点

1. 洗澡细节很重要： 不要使用过热的水洗澡；降低搓擦频率与力度，尤其是北方地区，气候本身已经很干燥，需要减少搓澡频率，对于老年人更要避免大力搓擦；不频繁使用香皂或肥皂，尤其是老年人的手脚清洗，应避免使用刺激性的清洁剂，防止干裂。

2. 选择弱酸性的身体乳： pH 值对维持皮肤屏障的完整性有关键作用。pH 值增高会增加蛋白激酶的活性，蛋白激酶是角质层细胞（也就是砖墙结构的"砖"）的消化酶，会破坏角质层细胞的完整性。

3. 选择有封闭性保湿成分的身体乳： 有封闭性保湿成分的身体乳（如凡士林、羊毛脂、矿物油、硅氧烷衍生物）可以降低皮肤的水分散失。

4. 空气湿度要保证： 房间可摆放一些绿植盆栽或者放一盆水增加空气湿度。

一、麦桃焕舒身体乳

工具

电磁炉或电陶炉⋯⋯ 1 台
家用小型电子秤
　　（精确到 0.1g）⋯⋯⋯1 台
玻璃烧杯（150mL）⋯⋯2 个
纱布⋯⋯⋯⋯⋯⋯⋯⋯⋯ 1 张
搅拌棒⋯⋯⋯⋯⋯⋯⋯⋯ 1 支
一次性滴管（5mL）若干支
乳液瓶（100mL）⋯⋯⋯ 1 个

材料

野菊花⋯⋯⋯⋯⋯⋯⋯⋯2g
桃胶⋯⋯⋯⋯⋯⋯⋯⋯⋯2g
燕麦⋯⋯⋯⋯⋯⋯⋯⋯⋯2g
甘油⋯⋯⋯⋯⋯⋯⋯⋯⋯5g
橄榄油⋯⋯⋯⋯⋯⋯⋯15g
维生素 E 胶囊⋯⋯⋯⋯2 个
法国 305 乳化剂⋯⋯⋯3g
己二醇⋯⋯⋯⋯⋯⋯⋯⋯1g
戊二醇⋯⋯⋯⋯⋯⋯⋯⋯2g
75% 医用酒精喷雾⋯⋯1 支

视频二维码

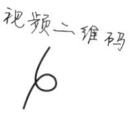

◉ 步骤

1　称取桃胶 2g，提前 3h 泡发。

2　向野菊花、燕麦、泡发的桃胶中加入 100g 纯净水，沸水隔水加热 20min。

3　待冷却，用纱布过滤植物残渣，滤液备用。用纯净水补充溶液至 75g。

4　滤液中加入甘油、橄榄油、维生素 E，搅拌至油成小颗粒分散于滤液中。

5　向步骤 4 的混合液中加入法国 305 乳化剂，顺时针（或逆时针）手动搅拌 3min，至膏体细腻有光泽。

6　加入己二醇、戊二醇，搅拌。

7　按需加入几滴喜爱的精油，搅拌均匀。

8　将身体乳转存至消毒后的容器中，密封保存。

◉ 用法

身体乳最好在洗澡后 10min 之内使用。使用时，取适量身体乳，均匀涂抹于全身。

✿ Tips

麦桃焕舒身体乳中的野菊花提取物可以镇静舒缓由干燥引起的瘙痒，而桃胶、燕麦均含有具舒缓保湿功效的桃胶多糖和 β - 葡聚糖。

二、玉容兰舒润身体乳

工具

电磁炉或电陶炉	1 台
家用小型电子秤	
（精确到 0.1g）	1 台
玻璃烧杯（150ml）	2 个
滤网勺	1 个
搅拌棒	1 支
一次性滴管（5mL）	若干支
乳液瓶（100mL）	1 个

材料

玉竹	2.5g
桃仁	2.5g
干燥玫瑰花	2.5g
甘油	5g
橄榄油	15g
维生素 E 胶囊	2 个
法国 305 乳化剂	3g
己二醇	1g
戊二醇	2g
75% 医用酒精喷雾	1 支

视频二维码

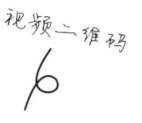

💧 步骤

1. 称取玉竹、桃仁、干燥玫瑰花，加入 100g 纯净水，加热 20min。
2. 待冷却，用滤网勺过滤植物残渣，滤液备用。用纯净水补充溶液至 75g。
3. 滤液中加入甘油、橄榄油、维生素 E，搅拌至油成小颗粒分散于滤液中。
4. 向步骤 3 的混合液中加入法国 305 乳化剂，顺时针（或逆时针）手动搅拌 3min，至膏体细腻有光泽。
5. 加入己二醇、戊二醇，搅拌。
6. 按需加入几滴喜爱的精油，搅拌均匀。
7. 将身体乳转存至消毒后的容器中，密封保存。

💧 用法

身体乳最好在洗澡后 10min 之内使用。使用时，取适量身体乳，均匀涂抹于全身。

🌸 Tips

玉容兰舒润身体乳中的玉竹含有丰富的多糖保湿因子，可以滋润肌肤，桃仁是中国古代美人常用的美容中药，玫瑰花就不用多说啦，因抗氧化保湿功效佳而被广泛添加在各种护肤品中。

护肤
笔记

护肤品保存指南

1. 不要囤货：护肤品是有使用期限的，很多人觉得面膜、手霜、身体乳用量大，会囤货，尤其赶上电商活动。其实完全没必要，如果真的囤一大堆，过期了，想扔舍不得扔，反而可能伤害皮肤。

2. 室温、干燥、太阳晒不着的地方保存就好。有些人觉得化妆品很贵，放在冰箱保存更好，其实是很大的误解。低温环境反而会对化妆品保存提出很大的挑战，容易加速护肤品的变质，不但不能帮你延长保存期限，反而会缩短它的寿命。

3. 护肤品一旦开封，要尽快用完，最好不要超过半年。产品开封后就会暴露在充满微生物的世界里，而且护肤品中又富含营养物质，很容易造成微生物的繁殖，对皮肤而言，这可就是灾难了。有的朋友可能今年用不完的防晒霜明年还会用，是不可以的哦。另外，现在很多护肤品除了标注保质期也会标注开盖使用期。包装盒画着一个开了口的瓶子，瓶子上面标注了一个数字后面是M，这个数字就是它开封后应该在几个月内用完。

保质期 6 个月

保质期 12 个月

手账

好 | 肤 | 知 | 时 | 节

将你当下的护肤小烦恼以及选用的护肤品记录下来吧，
变成你的专属美肤记录本。

好 | 肤 | 清 | 单

记下你最近了解到的护肤小技巧吧。

手 | 作 | 笔 | 记

把你手作遇到的问题记下来吧，
也可以去问康大美。

/ 冬 至 /

给皮肤营养的滋润面膜

　　古人对冬至的说法是：阴极之至，阳气始生，日南至，日短之至，日影长之至，故曰"冬至"。冬至日太阳高度最低，日照时间最短；从冬至开始，北方进入"数九寒天"；也是从冬至到大寒这个时间段，皮肤会面临各种"极限因素"的挑战，皮肤很容易出现衰老症状。

　　衰老可不止是有皱纹哦，随着时间的变化，皮肤衰老会对皮肤的色度、质地、润度、光泽度都有影响。不过要注意的是，不同年龄皮肤发生衰老的指标不同，所以不同年龄想要更好地对抗衰老，护肤的重点也不同。

　　（1）20+：仅仅三步足够！一款适合自己的洁面产品（详见立冬时节），一管用起来舒服的保湿面霜（详见秋分时节），一个适时的抗光老化产品（详见春分时节）。

　　（2）30+：可将面霜换成具有美白作用的面霜（详见白露时节），当然这并不意味着保湿不重要了，只是这个年龄段肤色的变化会更显著。

　　（3）40+：维持皮肤屏障功能的物质会有明显的降低，皮肤屏障功能降低显著，可以对皮肤屏障多一些关注（详见立春时节）。

　　（4）50+：皮肤血流速度减慢、皮肤免疫功能降低（详见惊蛰时节）、皮肤对瘙痒更易感（详见大雪时节），这个时候活血化瘀、适时舒缓就变得更为重要了。

一、锦若灿阳果泥膜

工具

家用小型电子秤
　（精确到 0.1g）………… 1 台
玻璃烧杯（500mL）……… 1 个
面膜碗………………… 1 个
计量勺………………… 1 支
研磨工具……………… 1 套

材料

干燥玫瑰花…………………2g
维生素 E 胶囊……………2 粒
牛油果………2 个（约 200g）

💧 步骤

1 取牛油果去皮去核，切块，粉碎成泥状。
2 在牛油果泥中加入维生素 E，充分混合均匀。
3 称取干燥玫瑰花，研磨粉碎。
4 把步骤 3 中的玫瑰花与步骤 2 中的果泥充分混合均匀。

💧 用法

涂面，每次现用现配。

视频二维码

🌸 Tips

锦若灿阳果泥膜中的玫瑰花有很好的保湿抗氧化功效，牛油果含有大量的不饱和脂肪酸和胡萝卜素，加上维生素 E，能很好地滋润、营养肌肤。

二、顾盼生辉参养泥膜

工具

家用小型电子秤
（精确到0.1g）……… 1台
面膜碗 ………………… 1个
计量勺 ………………… 1支
研磨工具 ……………… 1套
小型榨汁机 …………… 1台

材料

牡丹籽油 ……………… 15g
人参 …………………… 5g
茯苓 …………………… 10g

💧步骤

1　称取人参、茯苓，研磨成粉。
2　加入牡丹籽油，混合均匀。

💧用法

涂面，每次现用现配。

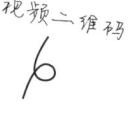

🌸Tips

顾盼生辉参养泥膜中的牡丹籽油不仅可以增强肌肤的细腻感以及弹性，同时还具有减缓衰老、防皱、清除沉着色素等功效。人参则为皮肤提供养分，帮助皮肤重现活力，延缓衰老。

笔护记肤

1. 经典延衰成分解读

（1）玻色因　主要功效是能够促进细胞外基质和胶原蛋白、弹性蛋白的合成。可以把皮肤当作沙发，细胞外基质是海绵，胶原蛋白、弹性蛋白是弹簧。海绵塌了，弹簧松了，皱纹就产生了。玻色因可以填充塌了的海绵，同时还能让弹簧恢复一些弹性。

（2）视黄醇　即我们常说的 A 醇，是目前最有效的抗衰老成分之一，因为它集合抗衰老最有效的两大作用于一身：一是清除可以使胶原蛋白被分解的自由基；二是刺激纤维细胞合成新的胶原蛋白。但是要注意，视黄醇对光线非常敏感，所以大部分产品只能晚上用，如果白天使用一定要防晒！否则视黄醇可能没有办法发挥它的作用哦。

（3）超氧化物歧化酶（SOD）大宝 SOD 蜜，大家都知道。SOD 是我们人体最重要的抗氧化酶，也是目前唯一可以清除超氧阴离子的酶。由于 SOD 耐热性、稳定性都很好，所以经常会添加在抗衰老产品中。

2. 不要被"快速去皱"忽悠了

近几年，市面上出现了许多宣称 3 秒去皱的抗衰产品，其实是使用了"障眼法"将皱纹短时间地隐藏。厂家在配方中添加一些有机硅，涂抹时硅性材料嵌入到皱纹缝隙，皱纹就被填平了，洗脸或者摩擦后就又会恢复原状。

手账

好 | 肤 | 知 | 时 | 节

将你当下的护肤小烦恼以及选用的护肤品记录下来吧，
变成你的专属美肤记录本。

好 | 肤 | 清 | 单

记下你最近了解到的护肤小技巧吧。

手 | 作 | 笔 | 记

把你手作遇到的问题记下来吧，
也可以去问康大美。

/ 小　寒 /

再也不毛躁的发油

　　小寒正值"三九"前后，小寒
标志着开始进入一年中最寒冷的日
子。俗话说："小寒大寒，冷成冰
团。"小寒时节隆冬一月，霜雪交
侵，常有冰冻，伴随着大风，头发
经常会有静电，非常毛躁！

头发护理要点

1.**给头发补充亚油酸、甾醇。**亚油酸、甾醇是头发毛干主要结构脂质，当头发表面毛鳞片结构不完整、翘起、脱落，头发表面会变得凹凸不平，对光线形成漫反射，我们看到的头发就暗淡无光。亚油酸、甾醇为头发表皮结构脂质，通过补充该成分，可以抚平翘起的毛鳞鞘，让头发具有完整光滑的表面。

2.**有无硅油没有绝对的好坏，只有适不适合。**硅油作为成熟稳定的化工产品已经使用多年，没有任何科学文献表明硅油对头发有伤害。对于烫染受损、干燥发质可使用含硅油产品，让头发更顺滑；对于油性、细软发质可使用无硅油产品，让头发更蓬松、清爽。

3.**头发、头皮也需要防晒，帽子可常备，尤其是油性发质。**除去烫染外，紫外线是造成头发损伤的最大刺激源，会导致头发表皮结构受损。除此之外，由紫外线刺激产生的自由基、炎症介质会刺激皮脂腺的皮脂分泌。

头皮护理要点

头皮比头发更重要，头皮与头发就像土壤和植被，要想头发好，先要养头皮。与面部皮肤相比，头皮皮肤更薄，毛囊皮脂腺更发达，所以需要特殊护理。

1.**勤松：**减少头发束缚，缓解头皮紧张。

2.**轻梳：**多轻柔梳头，促进头皮血液循环，才有利于营养向头发的输送。中医说的"血盛则荣于须发，若血气衰弱，则不能荣润"亦是这个道理。

3.**定期护：**可选择一些含有维生素、植物抑菌成分（如薄荷、丁香、连翘、金银花）的头皮护理产品对头皮进行定期护理，频率为每 1 ~ 2 周一次即可。

一、宜兰发养油

工具

家用小型电子秤

（精确到0.1g）……… 1台

茶色精华油瓶

（滴管型）50mL……… 1个

搅拌棒……………… 1支

材料

鳄梨油……………… 15g

荷荷巴油…………… 20g

山茶油……………… 15g

维生素E胶囊………… 2粒

75%医用酒精喷雾…… 1支

💧 步骤

1　称取鳄梨油、荷荷巴油、山茶油，混合均匀。
2　继续加入维生素E，混合均匀。
3　转存至消毒后的容器中，密封保存。

💧 用法

将头发吹至半干，滴3～5滴发养油于手心，双手合十揉搓，均匀涂抹于头发发梢，再将头发全完吹干。

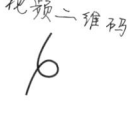

视频二维码

🌸 Tips

宜兰发养油中的鳄梨油、荷荷巴油、山茶油富含各种维生素，可滋润头皮与头发。

毛发受损或干枯的读者们，多选用天然的护发油，打造一头光泽健康的秀发吧！

二、青柑宜人发养油

工具

家用小型电子秤

（精确到 0.1g）⋯⋯ 1 台

精华油瓶

（滴管型）50mL ⋯⋯ 1 个

搅拌棒 ⋯⋯⋯⋯⋯⋯⋯ 1 支

材料

鳄梨油 ⋯⋯⋯⋯⋯⋯⋯ 15g

甜杏仁油 ⋯⋯⋯⋯⋯⋯ 10g

辛酸 / 癸酸甘油三酯 ⋯ 10g

维生素 E 胶囊 ⋯⋯⋯⋯ 2 个

依兰精油 ⋯⋯⋯⋯⋯⋯⋯ 1g

广藿香精油 ⋯⋯⋯⋯⋯⋯ 1g

75% 医用酒精喷雾 ⋯⋯ 1 支

步骤

1 称取鳄梨油、甜杏仁油、辛酸 / 癸酸甘油三酯混合均匀。

2 继续加入维生素 E、依兰精油、广藿香精油。

3 转存至消毒后的容器中，密封保存。

用法

将头发吹至半干，滴 3 ~ 5 滴发养油于手心，双手合十揉搓，均匀涂抹于头发发梢，再将头发全完吹干。

视频二维码

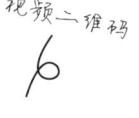

Tips

青柑宜人发养油中的鳄梨油、天然椰子油富含各种维生素，可以滋润头皮与头发。依兰精油能够滋养秀发，防止分叉。广藿香精油则利于头发生长。

多选用天然的护发油，可帮助因烫染而受损干枯的发质重回光泽健康！

护肤
笔记

好多朋友为了整体造型的搭配，经常自行购买染发剂染发。挑选染发剂需要格外注意，否则会发生过敏反应，导致头皮、面部出现红斑、红肿、起疙瘩等情况。

染发剂选用指南

（1）选渠道：通过正规渠道选购产品，保存购买凭证和产品包装，以便出现问题时维权。

（2）看标签：购买时仔细查看标签信息，保质期、生产日期、产品名称、生产企业名称、生产许可证号、批准文号、备案号都要齐全。

（3）看成分：如果染发剂的全成分表中出现"×××类""××中间体"这种含义不明的成分，系违反法规要求，大家就不要选了。

（4）先测试：在染发前 48 小时进行预警测试，确认未出现不良反应，才能进行染发。具体的测试操作方法参照染发剂生产商在产品包装上的说明。

双Pana趣

答案

好｜题｜和｜明｜书

当你看下的你小确候以及透用的的准品记录下来吧，
老战你的专属美配记录本。

好｜题｜清｜单

记下你想说了解到的准水这么吧。

手｜作｜美｜记

把你手作过的句的画记记下来吧，
也可以长同味大美。

/ 大 寒 /

手部和唇部也需要细心呵护

大寒，是全年二十四节气中的最后一个节气，是中国部分地区一年中最冷的时期，也是一年中雨水最少的时段。风大、低温、地面积雪不化，呈现出冰天雪地、天寒地冻的严寒景象。尤其在北方地区很容易出现手脚皲裂、嘴巴干裂等情况。

唇部护理要点

唇部天生没有皮脂腺和汗腺，不会分泌油脂和汗液，因而没有自我保护及滋润作用。唇部护理一定要做好！

1. "卸好妆"　对于经常涂口红的小仙女来说，最好还是用卸妆液卸除唇妆。选无酒精成分的温和唇部卸妆液。眼唇卸妆液相对温和，且有一定卸妆力，基本不会留下色素沉淀导致唇色暗沉。

2. "润好唇"　润唇膏是日常唇部护理必不可少的，在唇部干燥的时候随时拿起涂一下。最好选用富含植物油脂并且具有舒缓效果的润唇膏。还可以用唇膜或者厚涂唇膏的方法，为唇部做一个定期的特别护理。毛巾热敷唇部后，选用天然成分的润唇产品，厚涂于唇部，并用保鲜膜覆盖15分钟左右。这种方法可以用来急救，去除嘴部皲裂干皮。

一、仙姝盈润护手霜

工具

家用小型电子秤

　（精确到 0.1g）………… 1 台

烧杯（150mL）………… 2 个

滤网勺 ………… 1 个

搅拌棒 ………… 1 支

一次性滴管（5mL）… 若干支

面霜瓶（规格 50g）……… 1 个

材料

石斛鲜条 …………… 5g

甘油 ………………… 5g

橄榄油 ……………… 15g

维生素 E 胶囊 ……… 2 个

法国 305 乳化剂 …… 3g

己二醇 ……………… 1g

戊二醇 ……………… 2g

75% 医用酒精喷雾…… 1 支

视频二维码

🌢 步骤

1　称取石斛鲜条，加入 100g 纯净水，加热 20min。
2　待冷却，用滤网勺过滤植物残渣，滤液备用。用纯净水补充溶液至 75g。
3　滤液中加入橄榄油、甘油、维生素 F，手动搅拌 3min。
4　混合液中加入法国 305 乳化剂，顺时针（或逆时针）手动搅拌 3min，至膏体细腻有光泽。
5　加入己二醇、戊二醇，搅拌。
6　按需加入几滴喜爱的精油，搅拌均匀。
7　将护手霜转存至消毒后的容器中，密封保存。

🌢 用法

取一角硬币大小的护手霜于掌心，双手合十揉搓，内外按摩，直至吸收。

🌸 **Tips**

> 仙姝盈润护手霜中的石斛多糖具有保湿滋润作用。膏体细腻光滑，一点都不会觉得油腻。

二、乳木果舒养润唇膏

工具

电磁炉或电陶炉⋯⋯⋯⋯ 1 台

家用小型电子秤

（精确到 0.1g ）⋯⋯⋯ 1 台

玻璃烧杯（500mL ）⋯⋯ 1 个

玻璃烧杯（50mL ）⋯⋯ 1 个

搅拌棒⋯⋯⋯⋯⋯⋯⋯⋯ 1 支

唇膏管或铝制浅口罐⋯ 1 个

材料

橄榄油⋯⋯⋯⋯⋯⋯⋯⋯ 20g

乳木果油⋯⋯⋯⋯⋯⋯⋯⋯ 5g

荷荷巴油⋯⋯⋯⋯⋯⋯⋯⋯ 3g

蜂蜡⋯⋯⋯⋯⋯⋯⋯⋯⋯⋯ 7g

维生素 E 胶囊⋯⋯⋯⋯⋯ 2 个

75% 医用酒精喷雾⋯⋯⋯ 1 支

步骤

1 称取橄榄油、蜂蜡、荷荷巴油、乳木果油，加
  热至完全融化。

2 加入维生素 E，混合均匀。

3 沿着唇膏管一次性倒入模具。

4 冷却后放入冰箱冷冻层，冷冻 20min。

视频二维码

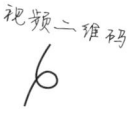

Tips

乳木果舒养润唇膏中的乳木果油、荷荷巴油能够软
化、滋润唇部肌肤。荷荷巴油涂抹唇部后滑滑的带有
一丢丢油膜的光泽感。

护肤笔记

如何判断化妆品是否变质

很多人会把用剩的护肤品当护手霜来用，但是化妆品成分很复杂，保存不当或者时间过长很容易造成变质。

（1）看质地。变质的膏霜质地会变稀，肉眼可看到有水分从膏霜中溢出，或者出现膨胀现象。

（2）闻气味。变质的化妆品会散发出怪异气味，可能是酸辣味、甜腻味、氨味等令人不愉悦的气味，一般高营养类的化妆品更容易出现变味现象。

（3）看颜色。变质的化妆品颜色可能灰暗污浊、深浅不一，有时还会出现絮状细丝或绒毛状。

指甲油类化妆品选用指南

（1）看一看。颜色鲜艳均匀，没有分层情况。

（2）涂一涂。涂布的时候能够形成湿润、易流平的液膜，液膜质地滑而不黏，有较好的黏着性。另外选购时，可将指甲油毛刷拿出来看看，顺着毛刷而下的指甲油是否流畅地呈水滴状往下滴，也会决定指甲油是否好涂抹。

（3）等一等。看一下涂抹干燥的时间，通常约 3 ~ 5 分钟，干燥后能形成均匀无气孔的膜。

手账

好 | 肤 | 知 | 时 | 节

将你当下的护肤小烦恼以及选用的护肤品记录下来吧，
变成你的专属美肤记录本。

好 | 肤 | 清 | 单

记下你最近了解到的护肤小技巧吧。

手 | 作 | 笔 | 记

把你手作遇到的问题记下来吧，
也可以去问康大美。

二十四节气护肤知识索引

———————•———————